ホタル，きのこ，深海魚……
世界は光る生き物でイッパイだ

発光生物のはなし

大場 裕一 [編]

朝倉書店

編集者

| 大場 裕一 | 中部大学応用生物学部 教授 |

執筆者（五十音順）

伊木 思海	株式会社島津アクセス
稲村 修	魚津水族館
内舩 俊樹	横須賀市自然・人文博物館
大場 裕一	中部大学応用生物学部
大平 敦子	多摩六都科学館
蟹江 秀星	産業技術総合研究所
川野 敬介	豊田ホタルの里ミュージアム
佐藤 圭一	沖縄美ら島財団総合研究所
デレン・T・シュルツ	オーストリア・ウィーン大学
田中 隼人	葛西臨海水族園
中森 泰三	横浜国立大学大学院環境情報研究院
南條 完知	東北大学大学院生命科学研究科
別所-上原 学	東北大学学際科学フロンティア研究所
方 華徳	台湾・中國文化大學
ヴィクトール・B・マイヤーロホ	フィンランド・オウル大学
水野 雅玖	中部大学大学院応用生物学研究科
山下 崇	株式会社サイエンスマスター
吉澤 晋	東京大学大気海洋研究所／大学院新領域創成科学研究科
サラ・ルイス	国際自然保護連合種の保存委員会 米国・タフツ大学名誉教授

はじめに

　世界は光る生き物でいっぱいだ。海にも山にも，皆さんのいるその辺りにも。日本でしかほぼ見られないウミホタルやホタルイカから，ニュージーランドにしかいない淡水巻貝ラチアまで，この不思議に満ちた発光生物たちが地球上のあちこちでひっそり闇を照らしていることの驚きを，皆さんにお伝えしたい。しかも，それぞれの発光生物のことを一番よく知っている人にそれを語ってほしい。それが，この本を編集した私のねらいです。ですから，こうした本ではちょっと異例なことかもしれませんが，執筆者には大学院生や外国人も名前を連ねています。長らく発光生物の研究に携わってきた私が精選した「この発光生物について語るならこの人！」というベストメンバーです。

　ところで，この本にはほぼ同じタイトルの先輩本があります。羽根田弥太博士による『発光生物の話』という本です。この本は1972年に北隆館から出ていますが，今は絶版です。羽根田博士のことは本書にもいくつか出てきますが，ひとことで言うならば「日本の発光生物学の父」です。その羽根田博士が日本のみならず世界のあちこちで見つけた発光生物をわかりやすく一般向けに紹介した類書のない素晴らしい本でしたが，なにせ50年前の出版です。内容を新しくしなくてはいけない部分も多いことを感じていたところへ，ちょうど「〜のはなし」というタイトルで身近な事柄を科学的に説明する本をいくつも刊行している朝倉書店さんから私にこの企画の話がやってきたのでした。ですから，この本は，「先輩格の『発光生物の話』に敬意を表しつつ，リニューアルするには私一人ではできなかったからみんなで書いた本」ということになるでしょう。

　もうひとつ，50年前との大きな違いは，カメラ技術の進歩により当時はなかった発光生物の美しい光の写真や動画が手に入れられるようになったことです。本書では，おそらく他では見ることができない貴重な写真や動画をふんだんに盛り込んでいます。これら素晴らしい資料を惜しみなく提供してくださった著者の皆さんに深く感謝申し上げます。私としても，この点は本書のかなり自慢できるポイントだと思っています。

　最後に，本書には4コマ漫画がいくつか出てくることにお気付きでしょう。私は物事を順序立てて説明する時に漫画が発揮する威力というものにいつも感心し

ていましたので，無理を言って漫画をいくつか入れさせていただきました．ちなみに，これらの漫画を描いたのは共著者自身だったり，共著者の奥さんだったり，イラストも描いてくれた石井桃子さんだったり，私も漫画を描いたことはありませんでしたが1つだけチャレンジして描いてみました（ラフスケッチだけですが）．

　そんな，共著者やその家族や編集部の方々のたくさんの想いと情熱が詰まった本書をこうして読者の皆さまにお届けできますことを，ひとりの発光生物学者としてとても嬉しく思います．末筆ながら，朝倉書店編集部の皆さんに深く感謝申し上げます．

2024年　ちょうどホタルの舞う時節に訪れた広島にて

大場裕一

目　次

I　発光生物とは　　　　　　　　　　　　　　　　　　　　　　　　　1

● 第1章　光る生物のはなし……………………………〔大場裕一〕…2
発光生物とは　2／たくさんいる発光生物　2／光らない生物も実は多い　3／発光生物の光の色　5／光る単細胞生物　6／光る二枚貝　7／光るヤスデ　9／光るエビ　10

● 第2章　発光生物の光のしくみのはなし………………〔蟹江秀星〕…12
生物発光のしくみの基本　12／ルシフェリンのはなし　14／ルシフェリンの生合成　16／ルシフェラーゼのはなし　18／フォトプロテインのはなし　19／発光色が変わるしくみ　20／生物発光はまだ見ぬ化学の宝箱　22

● 第3章　光の役割のはなし…………………〔蟹江秀星・大場裕一〕…23
謎多き光の役割　23／雌雄コミュニケーション　24／獲物をおびきよせる　25／助けを呼ぶ　26／姿を隠す　27／捕食者への警告　28／襲ってきた敵から逃れる　29／役割が異なる複数の光を備えた発光生物　30／役割がない？　31

● コラム1　ニュージーランドの発光生物………………………………
　　……………………〔ヴィクトール・B・マイヤーロホ 著，大場裕一 訳〕…32
不思議生物の島ニュージーランド　32／オクトキータス　32／ラチア　33／ヒカリキノコバエ　34

● コラム2　羽根田弥太と日本の発光生物学………………〔内舩俊樹〕…37
出生～終戦　37／戦後～横須賀市博物館長就任　38／日米共同研究～定年退官とその後　39

II　陸の発光生物　　　　　　　　　　　　　　　　　　　　　　　　41

● 第4章　光るきのこのはなし……………………………〔大場裕一〕…42
きのこが光る！　42／世界の発光菌類　43／光とその意義　45／発光メカニズム　47／発光きのこの今後の展望　49

● コラム3　光るカタツムリ………………………………〔大場裕一〕…50
一見ふつうのカタツムリ，しかし…　50／ヒカリマイマイの光の謎　51／考えられる仮説　52／発光カタツムリは他にもいた！　52

● 第5章　発光ミミズのはなし ……………………………〔伊木思海〕…54
　発光ミミズが観察された歴史　54 ／とても身近な存在，「ホタルミミズ」　55 ／海浜に生息する「イソミミズ」　56 ／東南アジアの発光ミミズ「ランピトミミズ」　57 ／発光ミミズはまだまだいる　58 ／発光のしくみ　59 ／発光の役割　59 ／未知の発光ミミズを考える　60

◆ コラム4　光るトビムシの謎 …………………………〔大平敦子・中森泰三〕…61
　トビムシってどんな生き物⁉　61 ／光るトビムシの正体　61 ／発光の調査方法　63 ／光るトビムシの謎　63

● 第6章　ホタルのはなし―日本編― ………………………〔川野敬介〕…65
　日本には約50種のホタルがいる！　65 ／古から愛されるゲンジボタル　68 ／ホタルの発光コミュニケーション　69 ／ゲンジボタルの発光コミュニケーション　70

● 第7章　世界のホタル―その多様性と保全のこと― ……………………………
　………………………………………………〔サラ・ルイス 著，大場裕一 訳〕…73
　ホタルの多様性　74 ／脅かされるホタルのくらし　76 ／ホタル保全のためのアクションの今後　79

◆ コラム5　発光生物学の歴史―過去より受け継がれる魅惑の光― ………………
　……………………………………………………………………〔南條完知〕…82
　ラファエル・デュボア（1849–1929）　82 ／ニュートン・ハーヴェイ（1887–1959）　84 ／羽根田弥太（1907–1995）　85 ／下村脩（1928–2018）　86 ／パイオニアたちのスピリッツとその継承　87

III　海の発光生物　89

● 第8章　深海探査のはなし ……………………………〔別所－上原　学〕…90
　深海は地球最後のフロンティア　90 ／伝説の海中探査　91 ／初の有人深海探査：バチスフィア　91 ／フルデプス潜水船の登場　93 ／モントレー湾水族館研究所での深海探査　94

● 第9章　発光バクテリアのはなし ……………………………〔吉澤　晋〕…97
　発光バクテリア　97 ／発光バクテリアの細胞サイズは？　98 ／光るお刺身？　98 ／実は海洋に広く生息する発光バクテリア　99 ／他の生物と共生する発光バクテリア　100 ／発光バクテリアの分類群　102

目　次

- **第10章　光るクラゲのはなし** ……………………………………………………………〔デレン・T・シュルツ 著，大場裕一 訳〕…104
  - クラゲってなに？　104 ／クラゲが光る　105 ／光の色はいろいろ　106 ／発光クラゲ界のスーパースター　107 ／クシクラゲというクラゲ　109 ／発光クラゲのこれから　110

- **第11章　富山湾のホタルイカのはなし** ………………………〔稲村　修〕…111
  - ホタルイカとは　111 ／ホタルイカの生活史　112 ／ホタルイカの発光器と発光　113 ／ホタルイカの発光メカニズム　118 ／ホタルイカ発光の謎　118

- ◆**コラム6　台湾の発光生物** ………………………〔方　華德 著，大場裕一 訳〕…120
  - 台湾と馬祖諸島　120 ／年間を通じて見られる台湾のホタル　120 ／変わった生態のオオメボタル　122 ／発光きのこ　124 ／馬祖諸島の青く光る海　126 ／発光生物の調査は驚きと興奮の連続　128

- **第12章　ウミホタルのはなし** ………………………………〔田中隼人〕…129
  - ウミホタルとは　129 ／ウミホタルはどうやって光るのか？　131 ／ウミホタルはなぜ光るのか？　132 ／いつから光るようになったのか？　133 ／ウミホタルの光を利用する　134

- **第13章　海底で光る生き物のはなし** ……………………〔別所-上原　学〕…136
  - 底生生物：海底に棲む生き物たち　136 ／ウミウシ　137 ／クモヒトデ　138 ／ゴカイ　140 ／サンゴ　141 ／海底発光生物の研究　142

- **第14章　光るサメのはなし** …………………………………〔佐藤圭一〕…144
  - 世界最大の発光生物　144 ／どんなサメが光るのか？　145 ／ツノザメ上目にみられる生物発光　146 ／発光するサメの由来は？　147 ／「発光するサメ」は飼育可能か？　148 ／フジクジラは深海でどのように光っているのか？　150 ／深海底で発光のようすを観察する　151 ／光るサメ研究の新たなステージ　153

- ◆**コラム7　半自力発光—盗んで光るしたたかな戦略—** ………〔水野雅玖〕…155
  - 3つの発光のしくみ：自力・共生・そして半自力　155 ／ルシフェリンの供給者は何者か？　156 ／セレンテラジン仮説：いかにして深海は発光生物の楽園になったか　157

- **第15章　光る魚のはなし** ………………………………〔別所-上原　学〕…160
  - チョウチンアンコウ　160 ／キンメモドキ　162 ／光る肴のはなし　164 ／海の発光生物研究の展望　166

- ◆**コラム8　光る生き物を撮影してみよう！** …………………〔山下　崇〕…167
  - 進化した撮影機材　167 ／本格的な写真撮影　167 ／スマートフォンによるお手軽写真撮影　170 ／発光きのこの光の色と写真　170 ／一眼レフカメラで発光生物の動画を撮ってみよう　171 ／未知の光を捉えよう　173

vi 目 次

引 用 文 献 ……………………………………………………175
索　　 引 ……………………………………………………181

本書に登場する発光生物の，実際に光るようすを動画で見られます！
一覧はこちらからご覧ください。
個々の動画には，本文中のQRコードからもアクセスできます。

動画 1　ミノエビ
動画 2　クロエリシリス，ウミホタル
動画 3　ヒカリマイマイ
動画 4　ランピトミミズ，ホタル科の幼虫
動画 5　ランピトミミズ，ホタル科の幼虫
動画 6　ザウテルアカイボトビムシ
動画 7　ゲンジボタル
動画 8　ゲンジボタル
動画 9　ヒメボタル
動画 10　ヤエヤマヒメボタル
動画 11　キイロスジボタル
動画 12　ヘイケボタル
動画 13　ゲンジボタル
動画 14　アミガサウリクラゲ
動画 15　ホタルイカ
動画 16　黒翅螢 *Abscondita cerata*
動画 17　紋胸黒翅螢 *Luciola filliformis*
動画 18　黃胸黑翅螢 *Aquatica hydrophila*
動画 19　端黑螢 *Abscondita chinensis*
動画 20　鋸角雪螢 *Diaphanes lampyroides*
動画 21　雌光螢 *Rhagophthalmus beigansis*
動画 22　星光小菇（ホシノヒカリタケ）
動画 23　納比新假革耳 *Neonothopanus nambi*
動画 24　發光小菇（ヤコウタケ）
動画 25　ヤコウチュウ
動画 26　ヤコウチュウ
動画 27　ヤコウチュウ
動画 28　ヤコウチュウ
動画 29　齒形海螢 *Cypridina dentata*
動画 30　齒形海螢 *Cypridina dentata*
動画 31　ヒラタヒゲジムカデ
動画 32　イソコモチクモヒトデ
動画 33　ヒカリウミウシ
動画 34　ドウクツヒカリクモヒトデ
動画 35　ウロコムシ
動画 36　ヒカリフサゴカイ
動画 37　ヒレタカフジクジラ

I
発光生物とは

第1章
光る生物のはなし

発光生物とは

「自ら光を発する生物」を「発光生物」という。ただし，光といっても，人間の目に見えないほど弱い光（たとえば，あらゆる生物から発せられている「バイオフォトン」と呼ばれるきわめて微弱な光）や，人間が見ることのできない波長領域の光（紫外線や赤外線）は，発光生物の光とは認めない。また，たまたま発光バクテリアに感染して光っている個体がいても，それは発光生物には含めない。それは病気のようなものであって，その生物種の特徴といえないからである。一方，発光バクテリア（➡第9章）を共生させてその光を利用している生物（たとえば，チョウチンアンコウなど）（➡第15章）は，自身が発光しているわけではないが，発光バクテリアの出す光を自身の生存戦略として利用している生物種であると考えられるので，発光生物とみなされる。要するに，「私たち人間が見て光を出している生物種がいたら，それを発光生物と呼ぼう」ということであり，その定義は結構いい加減なものである。

たくさんいる発光生物

何を発光生物とするかの定義は，上記のとおり曖昧かもしれないが，この地球上で明らかに発光生物だといえる生物種は，おそらく読者が想像するよりもかなり多い。私が以前に勘定してみたときは，すべての生物のなかで発光することが確かだと考えられる生物は921属約7,000種あった[1]。そのなかでもとくに多いのが，硬骨魚類（いわゆる魚）とホタル科の昆虫の2グループである。具体的には，硬骨魚類で発光することがわかっているものが211属1,480種あった（➡第

15章)。一方，ホタル科は，142属約2,200種以上が世界に知られているが，そのすべての種が発光すると考えられる（➡第7章）。それ以外にも，本書では詳しく取り上げないが，ムカデやタコのなかまなど，おそらく発光するイメージがないと思われる生物分類群にまで，少ないながら発光種が知られている。まさに，陸上から深海まで，地球上のあらゆるところのあらゆる分類群に発光生物が見つかっているといっても過言ではない。発光生物を専門とする私としては，「地球は発光生物に満ちあふれている」と言ってみたい衝動に駆られるのである（✦図1.1）。

光らない生物も実は多い

とはいえ，すべての生物分類群に発光する種が含まれているわけではないのも事実である。たとえば陸上植物は，被子植物だけで世界に25万種以上が知られる巨大グループであるが，そこに発光する種はただ一つも知られていない（ちなみに，ヒカリゴケは光っているように見えるが，あれは外光が反射してそう見えるだけで，自ら光を出しているわけではない）。また，私たちヒトを含む四足動物（両生類，爬虫類，鳥類，哺乳類）も非常に種数の多いグループであるが，そのなかには一種たりとも発光生物は見つかっていない（✦図1.1）。

もっとも，長らく発光しないと思われていた生物分類群に新たに発光種が見つかることもある。たとえば，2020年，発光種はいないと考えられていた海綿（海綿動物門）から発光種が見つかるという大発見があった。なお，これが見つかったのは，4,000 mもの超深海であるから，今まで見つからなかったのも納得である。ちなみに，超深海は太陽光がまったく届かない暗黒世界のようにいわれているが，意外にも大きな目をもった動物が多くいる。ということは，真っ暗なはずの深海でも光受容が何かの役に立っている，つまり，光を出している生物が超深海にもまだまだいる可能性が示唆されるのである。

さらに，魚類は発光種がとても多いということを先に書いたが，魚類は世界に3万種以上が知られている。すなわち，そのうちで発光種が占める割合は5%にも満たない。同様に，膨大な種数を誇る甲虫のなかま（昆虫綱甲虫目）は世界に40万種近くが知られているが，そのなかで発光するのは上述のホタル科を含めて世界で2,700種くらいに過ぎず，割合としては1%以下である。そう考えると，さきほど私が「地球は発光生物に満ちあふれている」と宣言したのは，ちょっと

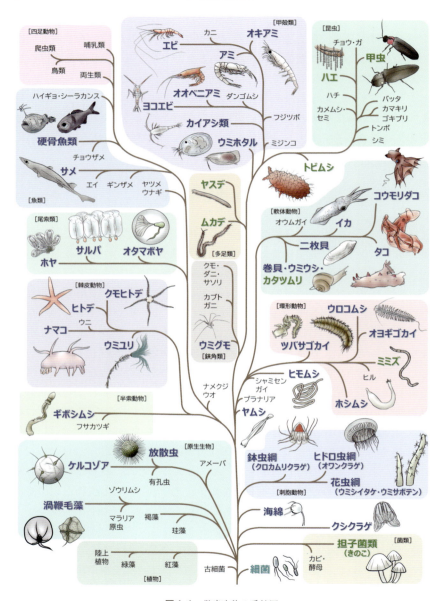

図 1.1 発光生物の系統図
光る種を含む分類群名は太字（陸生：緑，海生：青）で，すべてイラストとともに示した。樹形は，現時点で比較的広く認められているものを使用した。

第 1 章 光る生物のはなし

言い過ぎだったかもしれない。

発光生物の光の色

　本書にはさまざまな発光生物が登場するが，それぞれの発光する光の色は同じではない。たとえば発光きのこはみな緑色に光る（→第 4 章）。ホタルはたいてい緑〜黄色に光るものが多いが，なかにはオレンジ色に光る種もある。一方，ウミホタルの光は青色で（→第 12 章），ホタルイカは青色に光る発光器と緑色に光る発光器の両方をもっている（→第 11 章）。クラゲのなかまには，紫色から赤色まであらゆる色で発光する種が知られている（→第 10 章）（✦ 図 1.2）。

　光の色の違いとは，つまり光の波長が違うということなのだが（→第 10 章），なぜ違う色の光が出せるのかというしくみについては，次章で説明する（→第 2

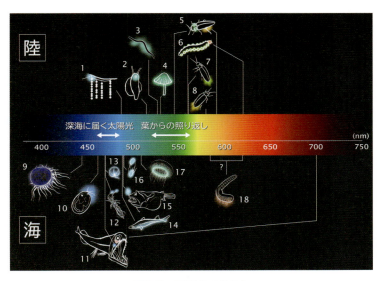

図 1.2　発光生物の光の色
各生物の発光スペクトルの極大波長を示す。スペクトルには幅があるため，ヒトの目に見える色は必ずしも極大波長の色に一致するものではないが，ほぼそれに近い。生体の発光を測定した文献データに基づいて作成した。1：ニュージーランドヒカリキノコバエ，2：ヒカリマイマイ，3：イソミミズ，4：シイノトモシビタケ，5：ヒカリコメツキ，6：鉄道虫，7：ゲンジボタル，8：ヒメボタル，9：ハリトレフェス（クラゲ），10：ウミホタル，11：オオクチホシエソ，12：ホタルイカ，13：ヤコウチュウ，14：ヒレタカフジクジラ，15：インドオニアンコウ，16：発光バクテリア，17：オワンクラゲ，18：アワハダクラゲ。

章)。また，なぜ発光生物ごとに違う色の光を出しているのか，その理由については，発光の役割の観点から章を改めて説明しよう（➡第3章）。

ところで，上述のとおり発光生物によって発光する光の色はまちまちであるが，その色には，ある種の「傾向」が認められる。その「傾向」とは，海の発光生物には青色に光るものが多く（➡第10章），陸の発光生物には緑色に光るものが多い，という全体的傾向である（✦ 図1.2）。

なぜ海の発光生物には青色に光るものが多いのか。その理由は，後述するとおり（➡第10章），海の深いところまで（遠いところまで）届く光は青色だけだから。そのせいで，海の生物の多くは青色しか見ることができない，それならば相手が仲間であれ敵であれ誰かに見てもらうためには青色に光るのがもっとも効率がよい，という理屈である。

では，陸上の発光生物の多くが緑色に光る理由は？　これについては2通りの説がある。一つは，地上の生物は植物に囲まれて暮らしているからだという説。これはホタルの観察から提唱されたアイデアであるが，緑色に光ると葉っぱの表面の反射でよく目立つから緑色に光っているというのである。もう一つは，（私たちヒトも含めて）陸上動物の目は多くの場合緑色にもっとも高い感度をもっているからだという説。つまり，陸上で誰かに光っているところを見てもらおうとしたら，緑色に光るのがもっとも効率がよいはずだというわけである。

さて，ここまで発光生物の基本事項について一通り説明したので，ここからは，多様な発光生物の世界を垣間見るべく，以降の章には登場しないが興味深くて無視できない発光生物たちを，いくつかピックアップして紹介することにしよう。

光る単細胞生物

発光生物でまず思い浮かぶのは，ホタルやホタルイカやチョウチンアンコウなどだと思うが，それらはみな多細胞動物である。しかし，一つの細胞が1個体として生きている単細胞生物にも，そう多くはないが発光する生物がいる。ただし，どれも小さいので忘れられがちな存在である。

そんな単細胞発光生物のなかでも比較的知名度が高いのが渦鞭毛藻のなかまである。渦鞭毛藻とは耳慣れない名前かもしれないが，ヤコウチュウといえば聞いたことがあるという人も多いだろう。光合成能をもっているものが多いため名前に「藻」がついているが，緑藻（クロレラなど）や珪藻とは異なる分類群の生物

である．ちなみに，ヤコウチュウは光合成能をもたない従属栄養性で，他の藻類プランクトンなどを食べている．本書では，台湾の馬祖列島でヤコウチュウの大発生する海が観光地になっている例を紹介しているが（➡コラム6），日本でも，たとえば江ノ島などは，ヤコウチュウが大発生するとそれを撮影しよ

図 1.3　下関のヤコウチュウ（撮影：勢戸研二）

うと多くの人が押し寄せて，交通渋滞が起こるほど人気スポットになっているらしい（✦ 図 1.3）．

　渦鞭毛藻類のなかで発光するのはヤコウチュウだけではなく，現在までに 67 種の発光種が報告されている．渦鞭毛藻類全体が 2,500 種程度であることを考えると，比較的発光種の多いグループであるといえる．なお，単細胞生物のなかで発光するものは，渦鞭毛藻類を除くとあまり多くはない．せいぜい，発光バクテリア（➡第 9 章）と，かつては放散虫と呼ばれてひとまとめにされていたレタリア門とケルコゾア門に一部単細胞性の発光種が知られているのみである．単細胞性の生物種数は生物全体でみるととても多く，割合にするとほとんどすべての生物が単細胞生物といってもよい．にもかかわらず発光種が少ないのはどうしてか？　これは，おそらく多細胞動物のようなパーツごとの機能的分化がないために複雑な行動ができない単細胞生物は，光ることの有利さをうまく活かせないからではないだろうか．ちなみに，単細胞性の発光生物はいずれも，発光の意義がよくわかっていないものばかりである．あの波打ち際を美しく照らし出すヤコウチュウも，なぜ発光しているのか，その理由は，私たちの目を楽しませる以外，明確ではない．

光る二枚貝

　生物の発光は防御の役割として使われることが多いせいか，硬い殻で身を守っている貝類に発光種は少ない．

貝類のなかでも，とりわけ二枚貝には発光する種が少なく，確実に発光することがわかっているのは世界からわずか3種だけである。そのうち比較的よく知られているのがヒカリカモメガイである。海岸の粘土質や砂質の岩に穿孔して暮らす5 cmほどの細長い二枚貝で，ヨーロッパでは昔から食用にされていたため発光することはよく知られているが（紀元1世紀の大プリニウスの著書にその記述がある），日本には分布していないので私たちにはあまり馴染みがない。

　それよりも，ここでは3種目として最近見つかったウマノクツワについて少し詳しく紹介したい。これを見つけたのは，著書『カニのつぶやき』[2]でも知られる小菅丈治氏。2016年，小菅氏が仕事でベトナムにいたとき，マーケットで売られていた貝の一つをこじ開けたところ，発光していることに気づいたのだという。詳しく調べてみると，これはウマノクツワという二枚貝の一種で（◆図1.4），貝を閉じる筋肉（後閉殻筋）の基部から青色に光る発光液が放出されるしくみがあることがわかった[3]。それにしても，マーケットに売られていた食用の魚介類から新しい発光種が見つかるとは驚きである。

　ちなみに，残る1種が何なのか，気になる読者もあろうかと思うのでそれも紹介しておこう。ツクエガイという二枚貝で，こちらは日本の発光生物学の父・羽

図1.4　ウマノクツワ（撮影：小菅丈治）
A：側面から，B：殻頂から，C：マーケットで売られているようす，D：開いたところ，E：後閉殻筋の基部から発光液が出ている。

根田弥太（➡コラム2，コラム5）による発見である。羽根田が戦前パラオに駐留していたときのこと，「ある夜（中略）暗い所でハンマーで珊瑚を割っていたところ」この貝が光ることを偶然見つけたということである[4]。

光るヤスデ

　嫌われがちなヤスデにも美しく発光する種が，少ないながら知られている。しかもそのうち一種は日本にも分布している。タカクワカグヤヤスデという種で，世界中に分布しているコスモポリタン種であるが，それが発光することを発見したのは沖縄県の比嘉ヨシ子氏であった[5]。私は，2010年に比嘉氏と連絡を取り，沖縄県の比嘉氏宅の庭で採取した本種を譲り受け，そのときはじめてタカクワカグヤヤスデの発光を確認した。刺激すると確かに発光が見られたが，その光はとても弱かった（◆図1.5）。上述したウマノクツワやツクエガイの発見エピソードもそうであるが，よくぞ発光することに気がついたものだ。研究者たちの観察眼の鋭さにはまったく驚かされる。

　なお，上述の羽根田は，戦前に訪れたミクロネシアのチューク諸島で発光するヤスデを見つけ，カグヤヤスデという和名を与えている。一時は日本のタカクワカグヤヤスデと同種だと考えられていたが，やはり別の種であったことが最近明らかになった。なお，カグヤとは竹取物語の「もと光る竹なむ一筋ありける」のかぐや姫になぞらえたものである。嫌われ者のヤスデとかぐや姫の組み合わせがおもしろい。

　アメリカのカリフォルニア州東部にそびえるシエラネバダ山脈には，これらと

 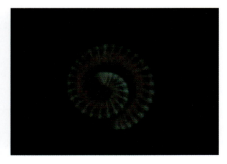

図1.5　タカクワカグヤヤスデとその発光のようす（撮影：方華徳）

はまったく異なるグループの発光ヤスデが知られている（➡第3章）。現在ヒカリババヤスデ属（*Motyxia*）として知られる9種で，このなかまは世界中でもなぜかシエラネバダあたりでしか見つかっていない。私は未見であるが，体全体が青緑色に光りっぱなしだという。ちなみに，光りっぱなしの発光生物というのは，これ以外では発光きのことコロニーになった発光バクテリア（➡第9章）くらいしか思い浮かばない。たいていの発光生物は，求愛行動のときや刺激を受けたときなど，ある特別な場面でしか発光しない。

光るエビ

発光生物は甲殻類にも多い。ウミホタル類（➡第12章）とカイアシ類（➡コラム7）以外でよく知られている発光性甲殻類として，ここでは私たちとも馴染みの深いオキアミとサクラエビとミノエビのなかまを紹介しよう。

オキアミのなかまは，一見エビに似ているが，いわゆるエビ類（十脚目）とは異なり，オキアミ目という別の目に分類されている。海釣りの餌によく使われているので見たことがある人も多いだろう。人間の食用に使われることはあまりないが，キムチ作りには欠かせない食材らしい。世界に86種しか知られていないが，そのうち超深海に棲む2種を除いてすべて発光種であることがわかっている。

オキアミの発光するようすは意外と簡単に観察できる。釣具店に行くと，ガチガチに凍ったオキアミのブロックが売っている。釣り針につける食わせ用の大きいオキアミは，ナンキョクオキアミという種で，撒き餌に使う小さい種は，ツノナシオキアミである。これを買ってきて（ただし，ボイルしたものや，不凍加工したものはダメ）冷水でゆっくり解凍してみよう。急速冷凍されて反応が止まっていたオキアミのルシフェリンとルシフェラーゼ（➡第2章）が酵素反応を開始し，まるで生きているときのように青く光る発光器が腹側に点々と見られるはずである（✦図1.6A）。

駿河湾のサクラエビは，食材として日本では有名であるが，実はこれも発光生物だということを知っている人は少ない。腹側に無数の発光器が並んでいるが，素干しのサクラエビでもよく見ると赤黒い点として観察することができる。ただし，素干しを買ってきて水に浸しても，もはや発光することはない。これは，乾燥させたウミホタルが水に濡らすだけで強い光を発すること（➡第12章）と対照的である。

第 1 章　光る生物のはなし　　　　　　　　　　　　　　　　　　　　　　　　　　*11*

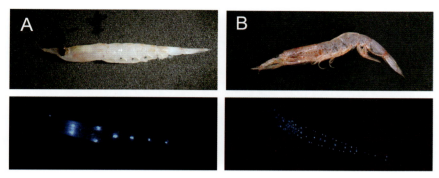

図 1.6　ナンキョクオキアミ冷凍個体（A）とサクラエビ生体（B）の発光

　実際，サクラエビの発光を観察した例はとても少ない。なぜなら，多くの発光生物は刺激を与えると光ってくれるのだが，生きたサクラエビはふつうに刺激を与えても発光しないのである。ただし，強いフラッシュ光を当てたり眼柄（目玉の付け根）を圧

動画 1　ミノエビの発光（撮影：方華德）

迫すると発光することに気がついた人がいる。サクラエビ研究の権威である大森信氏である[6]。生きたサクラエビを手に入れる機会はあまりないかもしれないが，チャンスがあればぜひやってみてほしい。私も何度か試したことがあるが，光は弱いものの，体の腹側全体にある無数の発光器が光り，写真に撮ると天の川のようで見事であった（✦ **図 1.6B**）。

　ミノエビのなかまは，刺身で食べるボタンエビと同じタラバエビ科の大型エビで，姿もボタンエビに似ている。ボタンエビとの大きな違いはその発光にある。刺激すると青く光る発光液を大量に吐き出し，おそらくこれを光の煙幕にして敵から逃げると考えられる（▶**動画 1**）。一見するとただのおいしそうなエビであるが（実際おいしい），それがこのようなスゴ技をもっているのがおもしろい。

　発光生物は，知れば知るほど驚きの連続だ。解明したい疑問が次々と湧いてくる。こんなおもしろい生命現象は他にはない！　と私はいつも思うのである。

〔大場裕一〕

第 2 章
発光生物の光のしくみのはなし

生物発光のしくみの基本

　宇宙空間から日常生活まで，私たちはさまざまな「光る」現象に囲まれている。光る現象のしくみはさまざまであり，たとえば，太陽表面からの光の放出は熱に起因する現象である一方，皆さんの部屋を照らす LED 電球は電気が流れることで光る。また，蓄光キーホルダーや蛍光インクで印刷された紙幣はそれぞれ，太陽光や UV ライトなどからエネルギーを受け取ることで光る。では，発光生物はどのようなしくみで光っているのだろうか。

　発光生物にみられる発光現象は，「生物発光」と呼ばれている。生物発光は，熱や電気，紫外線などに起因する現象ではなく，化学反応によって生じる現象である。具体的には，ルシフェラーゼと呼ばれる酵素（化学反応を促進する触媒として働くタンパク質）が作用し，ルシフェリンと呼ばれる有機化合物と酸素分子（O_2）が反応することで，光が生み出されている（✦図 2.1）[1,2]。

　その反応によってルシフェリンは酸化物（オキシルシフェリン）へと変化し，多くの場合，同時に二酸化炭素（CO_2）も生じる。一方で，ルシフェラーゼは触媒であるため，ルシフェリンの発光反応過程で消費されることはなく，反応後も

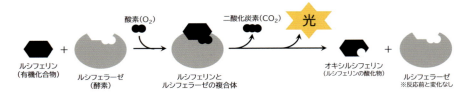

図 2.1　ルシフェリンとルシフェラーゼによる基本的な生物発光のしくみ

再び、未反応のルシフェリンと O_2 の反応に作用することができる。

ルシフェリンやルシフェラーゼという用語は、しばしば、単一の物質を指す言葉として理解されていることもあるが、それはまったくの誤りである。どちらの言葉も複数の物質を指す総称であり、たとえばホタル、ウミホタル、ホタルイカはいずれも名前に同じ「ホタル」がつく発光生物ではあるが、各々の発光生物が使うルシフェリンの化学構造やルシフェラーゼの立体構造は大きく異なっている[1]。

一方で、既知のルシフェリンとルシフェラーゼによる発光反応ではいずれにおいても「エネルギーを蓄えた不安定なルシフェリンの酸化反応中間体（ジオキセタノンなど）が有する酸素原子同士の結合（O−O）が切断され、生じた生成物（オキシルシフェリンなど）が安定な状態へ移行する過程で放出されるエネルギーの一部が光になる」という点は共通している[1,2]。このとき、光にならなかったエネルギーは熱となるのだが、反応で生じたエネルギーが光に変換される効率がよいなどの理由により[2,3]、白熱電球に触れたときのように私たちが光を放つ発光生物から熱さを感じることはない。このため、生物発光は「冷光」とも呼ばれる。

ウミホタルなどの発光がルシフェリンとルシフェラーゼに加えて O_2 のみが関与する基本的な生物発光である一方、O_2 以外の因子も関与する生物発光も存在する。その一例がホタルの発光反応である（◆図 2.2）。

ホタルの発光反応では、O_2 に加えてマグネシウムイオン（Mg^{2+}）とアデノシン三リン酸（adenosine triphosphate, ATP）が関与する。ATP は「生物のエネルギ

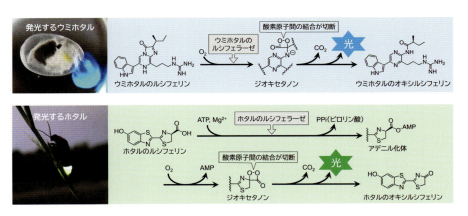

図 2.2　ウミホタルの発光反応（上）（写真：蟹江秀星）とホタルの発光反応（下）（写真：大場裕一）

ー通貨」として知られ，筋肉を動かすときなどのエネルギーは，ATP の分解により供給されている．しかしながら，ホタルの発光反応では発光のエネルギー供給のために ATP が使われるわけではない．少し詳しく説明すると，ATP はルシフェリンと O_2 の反応を起こすために必要な前段階として起きるアデニル化反応に使われている．実際，ATP の分解ではアデノシン二リン酸（adenosine diphosphate, ADP）が生じるのに対し，ホタルの発光反応で ATP から生じるのはアデノシン一リン酸（adenosine monophosphate, AMP）であり，生成物も異なっている．

ルシフェリンのはなし

● ルシフェリンとは

　「ルシフェラーゼの触媒作用により酸化されて，発光エネルギーを与える有機化合物．発光量は反応したルシフェリン量に比例する」（下村，2014，p.34）[1]．
　これが生物発光の化学的な研究のパイオニアである下村 脩 博士が提唱したルシフェリンの定義である．生物発光はルシフェリンの酸化反応に伴って起きる現象であるため，反応で消費されるルシフェリンの量が増えれば発光量も多くなる．
　また，たいていのルシフェリンには「ルシフェラーゼを含まない水溶液中でも O_2 や活性酸素種と反応する」という性質がある（ただし，そうした反応の場合，発光量が極端に低下したり，発光しないこともある）．このため，ルシフェリンは本来，「活性酸素種による生体内の細胞損傷を防ぐ」という抗酸化物質としての役割を担っていたのではないか，という説がある[1]．

● ルシフェリンと生物分類群

　ルシフェリンの化学構造は基本的に，発光生物の生物分類群ごとに異なっている．たとえば，同じ光る昆虫であっても，ハエのなかまに分類されるツノキノコバエ科の幼虫（➡コラム 1）は，甲虫に分類されるヒカリコメツキ（➡第 3 章）とは異なるルシフェリンを利用している（ただし，ツノキノコバエ科の幼虫のルシフェリンの化学構造は未解明）．
　では，日本列島と北アメリカ大陸といったように，生息域が地理的に隔離された同じ生物分類群の発光生物の場合，種ごとに異なるルシフェリンが利用されているのだろうか．その例に該当するのがホタル科やウミホタル科，シリス科の発光生物であり，これまでの報告によれば，生息域に関係なく，利用されているル

シフェリンはそれぞれの科で同一のようである。ただし，深海に生息する発光生物の場合，生物分類群に関係なく，セレンテラジンというルシフェリンが利用されている場合が多い。それには，餌を介したセレンテラジンの生物間移動が関係すると考えられている[4]（➡第 11 章，コラム 7）。

ルシフェリンの化学構造の解明の難しさ

これまでに化学構造が解明されているルシフェリンは全部で 12 種類ある[4]。しかし，発光生物の多様性を考えると（➡第 1 章），それですべて，ということはないだろう。なぜ，未知のルシフェリンの化学構造の解明は進んでいないのだろうか。

ルシフェリンの化学構造は驚くほど多様であるため，未知のルシフェリンの化学構造を調べる場合，基本的には研究対象とする発光生物の個体からルシフェリンそのものを精製する必要がある。しかしながら，大半の発光生物は培養や飼育が困難なため，生物個体を入手するには，野外から，それも大量に採集しなくてはならない。なぜなら，発光生物の光の強さに惑わされるが，1 匹の発光生物が保有するルシフェリンの量はごくわずかであり，その量では化学構造の解明に必要とされる量には遠く及ばないのだ。つまり，研究に十分な量の生物個体を採集することの困難さがルシフェリンの化学構造の解明を阻む大きな障壁の一つとなっている。

半世紀以上も前の話ではあるが，ウィリアム・マッケロイ博士らや岸義人博士らは 1 万匹以上のホタルを，下村博士らは約 500 万匹のウミホタルを，それぞれのルシフェリンの化学構造を決定するための研究材料として使用したという[1,5]。研究のために集められた大量のホタルとマッケロイ博士との写真は何度見ても衝撃的である（◆ 図 2.3）。

2010 年代に化学構造が報告されたハタケヒメミミズやシリス科の発光ゴカイ（➡第 3 章）のルシフェリンの場合でも，それぞれ 3 年，16 年という長い時間をかけなくては採集できない量の個体を研究材料とすることに

図 2.3　ホタルのルシフェリンの化学構造解明のために集められた山のようなホタル（手前）とマッケロイ博士（撮影：Werner Wolff, New York, 1951.　所蔵：Special Collections, Sheridan Libraries, Johns Hopkins University）

より，研究者らはそれぞれのルシフェリンの化学構造にたどり着いている[6,7]。

ルシフェリンの生合成

なぜ，発光生物はルシフェリンという光るための有機化合物を進化の過程で創り出せたのだろうか。これは生物の発光能の進化を考えるうえでの重要な問いの一つだが未だ明確な答えはない。ただ，その問いのヒントがここで紹介するルシフェリンの生物におけるつくりかた（ルシフェリンの生合成）に隠されているのではないか，と私は考えている。

🌼 アミノ酸を材料にして生合成されるルシフェリン

ウミホタルルシフェリンやセレンテラジンはイミダゾピラジノン環という天然有機化合物には珍しい化学構造を有するルシフェリンであるが，どちらも生物に普遍的に存在するアミノ酸を材料にして生合成される[4]。また，ハタケヒメミミズやシリス科の発光ゴカイのルシフェリンもアミノ酸を材料にして生合成されている可能性がある[7]。

ホタルルシフェリンについては，システインというアミノ酸に加え，光らない植物や昆虫にも存在するヒドロキノンという物質（美白化粧品にも使われている）を材料にして生合成されている。興味深いことに，ヒドロキノンの酸化体（*p*-ベンゾキノン）とシステインを中性の水溶液中で30分くらい混ぜるだけで，わずかではあるが2種の複素環（ベンゾチアゾール環とチアゾリン環）からなる天然有機化合物には珍しい化学構造を有するホタルルシフェリンを作れてしまうこともわかっている[4]（✦ 図2.4）。

🌼 光らない生物がもつ物質から生合成されるルシフェリン

鍋の具材にもなるエノキタケにはヒスピジンという物質が含まれている。エノキタケは光らないきのこであるが，発光きのこはヒスピジンからルシフェリンを生合成している（➡第4章）。ヒスピジンと発光きのこのルシフェリンの化学構

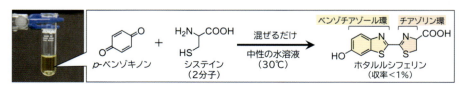

図2.4 中性の水溶液中で起きるホタルルシフェリンの生成反応

造の違いはヒドロキシ基（化学構造式で"–OH"と表記）があるかないかというだけである（✦図2.5）。つまり，ヒスピジンにヒドロキシ基を付加する化学反応（水酸化反応）ができてしまえば，光らないエノキタケにもルシフェリンを作れてしまうのだ。これと似た例として，光らない植物にありふれたクロロフィルという物質から発光性渦鞭毛藻（➡第1章）のルシフェリンが生合成されることも示唆されている[8]。

◉他の生物がもつルシフェリンから生合成されていそうなルシフェリン

ホタルイカルシフェリンは今のところホタルイカ以外の生物からは見つかっていないが，その化学構造はセレンテラジンとよく似ている。セレンテラジンは食物連鎖によって生物間を移動すると考えられているため，ホタルイカは自身のルシフェリンをアミノ酸ではなく，餌由来のセレンテラジンを材料にして生合成している可能性がある（✦図2.6）（➡第11章）。また，ナンキョクオキアミも自身のルシフェリン（オキアミルシフェリン）を餌となりうる発光性渦鞭毛藻に由来する渦鞭毛藻ルシフェリンから生合成しているという説がある（✦図2.7）（➡コラム7）。ただし，個人的には「光らない藻類に由来するクロロフィルからオキアミルシフェリンが直接作られている可能性もあるのではないか」と考えている。というのも，名古屋港水族館では発光性渦鞭毛藻ではない藻類を餌として，ナンキョクオキアミが継代飼育されているのだが，そのオキアミが光るようすが

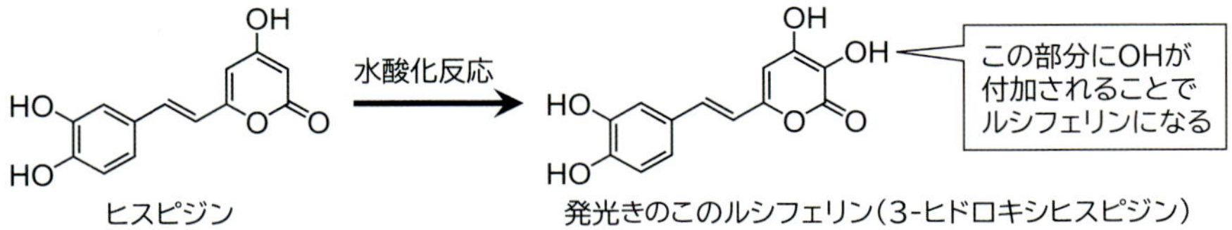

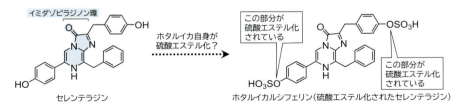

図2.5　ヒスピジンの水酸化反応による発光きのこのルシフェリンの生成

図2.6　セレンテラジンとホタルイカルシフェリン

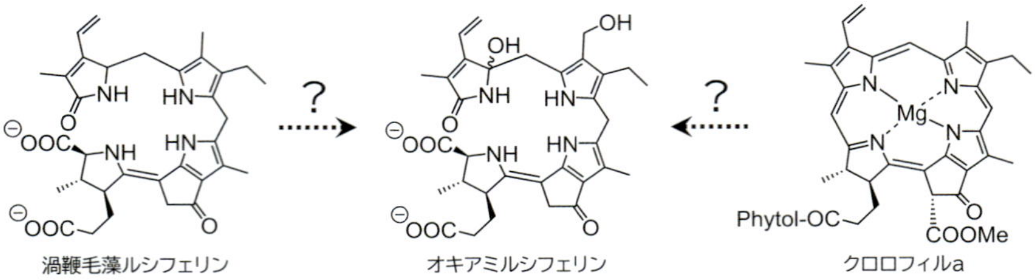

図 2.7 オキアミルシフェリンとその生合成材料の候補物質

観察されている（私自身の目でも確認している）。ナンキョクオキアミのルシフェリンはいったいどのように生合成されているのだろうか。

ルシフェラーゼのはなし

☀ルシフェラーゼとは

ルシフェラーゼは化学反応を促進する作用（触媒作用）をもつタンパク質（20種類のアミノ酸がさまざまな並び順で数珠つなぎとなった分子）である。ただし、ルシフェラーゼが触媒する反応は「発光を伴う」化学反応であるため、それを担うルシフェラーゼの役割は触媒の一言で片づけられるほど単純ではない。

より詳細かつ物理化学的な説明は他書（松本（2019）[2]）など）を参照してほしいが、ルシフェリン、ルシフェラーゼ、O_2 の 3 つのみが関わるもっとも単純な系であっても、生物発光は、① ルシフェリンと O_2 との反応による高エネルギー中間体（ジオキセタノンなど）の生成に加え、② 高エネルギー中間体の分解による励起状態（エネルギーの高い状態）のオキシルシフェリンの生成、③ オキシルシフェリンが励起状態から基底状態に移る過程での光の放出、という多段階を経て起きている（◆ 図 2.8）[2,9]。つまり、ルシフェリンと O_2 の反応の触媒だけ

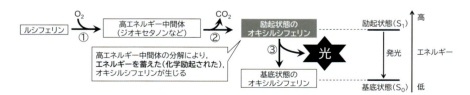

図 2.8 発光までにルシフェリンがたどるオキシルシフェリンまでの道のり

第 2 章　発光生物の光のしくみのはなし

図 2.9　異なる生物分類群の発光生物に由来するルシフェラーゼの立体構造

でなく，光を放出するまでの過程の手助けもルシフェラーゼの重要な役割なのだ。

◉ルシフェラーゼの多様性

　基本的に酵素は決まった化学構造の有機化合物（基質）だけに作用するという基質特異性を有するため，基質と酵素は「鍵と鍵穴」といえるような対応関係にある。したがって，ルシフェリンの化学構造が多様であるがゆえ，それぞれのルシフェリンに対応するルシフェラーゼの立体構造も多様なのだ（✦図 2.9）。そのため，たとえば，ホタルのルシフェリンと発光バクテリアのルシフェラーゼを混ぜても，あるいは，ルシフェリンとルシフェラーゼの組み合わせがその逆であっても発光しない。

　ただし，興味深いことに，セレンテラジンが基質となる生物発光では構成するアミノ酸の並び順に類似性がない複数種のルシフェラーゼが利用されている（✦図 2.9）。詳しい説明は大場（2021）[4]に譲るが，これは，セレンテラジンを基質とするルシフェラーゼが複数の生物分類群で独立に誕生したことを示唆している。

フォトプロテインのはなし

　ルシフェリンとルシフェラーゼの反応による典型的な生物発光を示す発光生物（ウミホタルなど）の場合，生物個体からルシフェリンとルシフェラーゼを別々に抽出し，それらを再び混ぜ合わせることでその発光を再現できる。しかしながら，そのようにして発光を再現できない発光生物も存在する。そのことに世界で最初に気がついたのが下村博士であり，それをきっかけにフォトプロテインと呼ばれる奇妙なタンパク質の一つ（イクオリン）をオワンクラゲから発見するに至ったのだ[1]（➡第 10 章）。

　フォトプロテインとはルシフェリンに相当するような有機化合物を保持した複

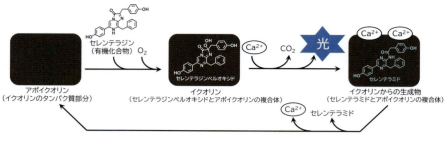

図2.10　フォトプロテインであるイクオリンの発光のしくみ

合タンパク質であり，イクオリン以外にもヒカリカモメガイやトビイカ，ツバサゴカイなどの発光生物に由来する多数のフォトプロテインの存在が知られている[1,4]。フォトプロテインは金属イオンや過酸化水素などが作用して起きるタンパク質部分の変形をきっかけとして，有機化合物部分の化学構造が変化することにより発光する。すなわち，フォトプロテインは「発光反応過程にあるルシフェリンを保持したルシフェラーゼ」と捉えることができる。また，フォトプロテインの有機化合物部分の化学構造の変化はルシフェリンの酸化反応と同様に不可逆的であるが，その変化した有機化合物部分が発光反応前の有機化合物に置き換わることで，フォトプロテインは再び発光できる状態となる（✦ 図2.10）。

発光色が変わるしくみ

発光生物が作り出す光の色は青色から赤色まで実に多様である（➡ 第10章）。では，どのようなしくみで異なる色の光が生み出されているのだろうか。ここで紹介するようにそのしくみは1つというわけではない。

●ルシフェリンやルシフェラーゼを変える方法

ウミホタルとホタルの発光色がそれぞれ青色，黄緑色と異なるのは利用されるルシフェリンの化学構造の違いによる。ウミホタルやホタルの発光ではいずれも，ルシフェリンから生じる励起状態のオキシルシフェリンが光を発する分子実体である。励起状態のオキシルシフェリンが基底状態となる際に放出される光の最大波長（いわゆる蛍光特性）はオキシルシフェリンの化学構造に依存する。つまり，ルシフェリンの化学構造が異なれば，当然，化学構造の異なるオキシルシフェリンが生成し，その蛍光特性の違いによって発光色に違いが生じるのだ。ただし，

異なるルシフェリンを使うのではなく，異なるルシフェラーゼを使うことで発光色を変化させる方法もあり，その方法を利用しているのがホタルである。ヒメボタルとゲンジボタルの成虫はどちらも基質にホタルルシフェリンを利用して発光するが，ヒメボタルの発光色のほうがより黄色みがかった色である。その詳細な分子メカニズムについては議論が続いているため割愛するが，これはそれぞれの発光反応に関わるルシフェラーゼを構成するアミノ酸の並び順の部分的な違いに起因する[4, 10]。また，ヘイケボタルなどの蛹が2色の光を発するのもルシフェリンの違いではなく，異なる2種類のルシフェラーゼが使われていることによる（✦図2.11）。

◉光る分子実体を変える方法

オワンクラゲは緑色に光るクラゲであるが，その発光には，分子単独では青く光るフォトプロテイン（イクオリン）が使われている。ではなぜ，オワンクラゲの光は青色ではなく緑色なのか。それには「オワンクラゲの生体内にあるイクオリンの近傍に緑色蛍光タンパク質（green fluorescent protein, GFP）が存在すること」が関係する。GFPが近傍に存在することで本来イクオリンの発光に使われるエネルギーがGFPに移動し，イクオリンからの生成物ではなく，GFPが光を発するため緑色光が生じる[1, 2, 9]（✦図2.12）（➡第10章）。この現象を専門家のあいだでは「生物発光共鳴エネルギー転移（bioluminescence resonance energy transfer, BRET）」と呼ぶ。ある種の発光バクテリアの発光でもこのBRETのしくみが使われており，その場合，一般的には青く光る発光バクテリアが黄色く光る。

◉物理的なフィルターを使う方法

点灯した懐中電灯にセロハン紙をかぶせると懐中電灯の光の色はそのセロハン紙の色になる。これと同じしくみで光の色を変えているのが，ホテイエソ亜科の

	発光器の発光	発光器以外の発光
基質	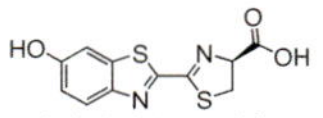 ホタルルシフェリン	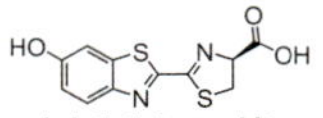 ホタルルシフェリン
酵素	LlLuc1 (ホタルルシフェラーゼの一種)	LlLuc2 (LlLuc1に対して59%のアミノ酸配列の相同性を示すホタルルシフェラーゼ)
光の最大波長	550 nm	539 nm

図2.11 異なる2色の光を放つヘイケボタルの蛹とそのしくみ（写真：大場裕一）

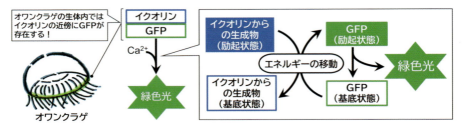

図 2.12　オワンクラゲの緑色発光のしくみ

深海魚である．その深海魚は発光細胞で作った光をある種の色素に透過させることで赤以外の色の光を取り除き，光の色を赤色にしている[4, 8]．

生物発光はまだ見ぬ化学の宝箱

　近年，能登地域をはじめとした日本近海で生物発光の色には珍しい青紫色に光る新種のフサゴカイが見つかっている[11, 12]．しかしながら，そのフサゴカイがどのような分子メカニズムで青紫色に光っているのかは，依然として不明である．さらに世界に目を向けると，発光するカタツムリ（➡コラム 3）をはじめ，発光の分子メカニズムがわかっていない発光生物が未だ多数存在している．また，私がとくに興味をもっているルシフェリンの生合成のしくみも未だにわからないことが多く，「オキシルシフェリンをリサイクルしてルシフェリンを作り出す」といった興味深いルシフェリン合成のしくみの報告もある[4]．
　最後に，生物発光の研究者のバイブルともいえる下村博士の著書に記された私の好きな言葉を 1 つ紹介しよう．

　　In a sense, bioluminescence is a treasure box of interesting and unusual chemistry.
　　（ある意味，生物発光は興味深く稀有な化学の宝箱である．）

（Shimomura, 2006, p.375）[5]

　この言葉どおり，未だ謎多き生物発光の化学にはきっとまだ見ぬ宝があるはずだ．

〔蟹江秀星〕

第3章
光の役割のはなし

謎多き光の役割

　「クラゲに聞いてください。」これは，発光クラゲの研究によりノーベル化学賞を受賞した下村脩博士（➡コラム 5）が，発光クラゲの光の役割について問われた際に用意した答えである[1]。

　太陽が沈み次第に辺りが暗くなると，自動車のヘッドライトは道を照らし，空港の滑走路にはパイロットを誘導するための光が灯されていく。このように私たちはさまざまな用途で光を利用しているが，発光生物たちの光にはどのような役割があるのだろうか。実は，この問いに正確に答えることはたいていの場合そう簡単ではない。というのも，多くの発光生物において彼らの光の役割はあまり明確になっていないからだ[2]。冒頭の下村博士の答えは，一見すると冗談のようにも思えるが，まさしく正鵠を射ているのである。

　では，発光生物の光の役割がしばしばはっきりしないのはなぜなのか？　発光生物の光の役割をきちんと調べるためには，自然環境下で発光生物が「いつ，どのように，どの部位を光らせ，その結果として何が起きるのか」ということを観察し，場合によっては考えられる役割を仮説として立て，それを検証する必要がある。しかし，深さ数千 m に暮らす深海生物はもちろん，東南アジアの森でしか見られないカタツムリ（➡コラム 3），標高 3,000 m を超えるチベット高原のホタルなど，生息環境が理由で出会うことすら難しいケースは発光生物においてはよくあることで，それが光の役割を研究する際の障壁となっているのだ。

　とはいえ，世界中の多くの研究者の長年の努力により，いくつかの発光生物については，より確からしい光の役割が解明されつつある。そこで本章では，行動，形態，発光様式といった点に着目しつつ，比較的理解が進んでいる発光生物を例

として挙げながら（その一部は実際に行われた検証実験の紹介とともに）発光生物の光の役割を解説することにしよう。

雌雄コミュニケーション

　発光生物と聞いて日本に暮らす多くの人が真っ先に思い浮かべるのは，おそらくホタルであろう。川辺や水田では，ゲンジボタルやヘイケボタルの成虫がゆっくりと光りながら水面近くを飛び交い，また近くの杉林や竹林では，ヒメボタルの成虫がピカリピカリと光を鋭く点滅させながら飛んでいるようすは，まさに日本の里山の原風景である。

　そうしたゲンジボタル，ヘイケボタル，ヒメボタルの成虫の光には，いずれも雌雄コミュニケーションの役割があることは間違いがない。しかも，その発光の点滅パターンは種ごと，さらには雌雄でも異なり，そこでは光を使った高度な情報交換が行われていることがわかってきている（➡第6章）。その一つとして，ヘイケボタルのオス成虫が光の「またたき」という複雑なパターンを認識してメス成虫の「コンディション」を識別していることを示した最近の研究を紹介する[3]。

　高津英夫ら日本の研究者は，まず，草むらにとまっているヘイケボタルの光を野外でビデオ撮影し分析した。すると，未交尾のメスと交尾済みのメスの点滅パターンには，「1回の点灯時間」と「光のまたたき強度」（1回の点灯のあいだに見られる1秒以下の速い光の振幅の大きさ）に違いがあることがわかった。そこで，いろいろな発光パターンを生成できる装置「電子ボタル」を野外に置いて観察すると，オスは，未交尾のメスに似た「点灯時間が短くまたたきが少ないパターン」に強く誘引され，逆に交尾済みのメスに似た「点灯時間が長くまたたきが強いパターン」には誘引されないことがわかった（◆図3.1）。これにより，ヘイケボタルのオスは，自分の相手となる未交尾のメスを，「1回の点灯時間」と「またたきの強さ」という2つの要素で認識していることが明らかになった。

　ホタル以外では，カリブ海のウミホタル（➡第12章）なども，行動の観察結果から，その光の役割が雌雄コミュニケーションであることはほぼ間違いないとされている[2]。ただし，このように発光を雌雄コミュニケーションに使っていることが確かな例は思いのほか少なく，数ある発光生物の光の役割のなかでむしろマイナーな部類に入ることは，ホタルに馴染みのある私たちには意外に感じられるかもしれない。

第 3 章　光の役割のはなし

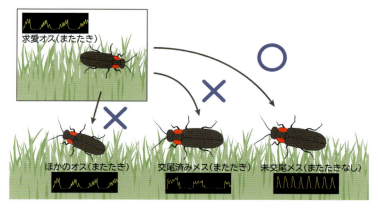

図 3.1　またたかないのが未交尾であることのサイン
交尾済みのメスがまたたくのは，オスの光りかたを真似ることで産卵行動の邪魔になるオスからのアプローチを回避するためだと考えられる。

獲物をおびきよせる

　夏から秋にかけ，函館山から夜の津軽海峡を見下ろすと，街あかりの向こうに煌々と美しく輝く光の点をいくつも見ることができる。イカ漁のために漁船が灯している漁火である。

　発光生物のなかにも，この漁火と同じように光で獲物をおびきよせているものが知られている。なかでもとりわけ興味深いのが，南アメリカ最大の草原地帯セラードで見られるある種のヒカリコメツキである。このヒカリコメツキの幼虫はシロアリの蟻塚を住処とし，羽アリも飛翔する雨季の夜，緑色に発光する頭と胸を蟻塚の土壁に穿った巣穴から露出して，その光に寄ってくる羽アリを捕食する[4]。そのような生命の営みによりセラードではいくつもの蟻塚が光り輝いており，その光景はまさに自然が作り出した草原の漁火といえるだろう（✦図 3.2）。

　発光を獲物の誘引に使う陸生発光生物には，他に，ニュージーランドやオーストラリアに生息するツノキノコバエ科の幼虫（通称グローワーム）（➡コラム 1）や，北アメリカに生息するある種のホタルのメス成虫などが知られている。なんとそのホタルのメス成虫が発光で誘引しているのは，餌食にされる別種のオスの

図3.2 セラードに立ち並ぶ蟻塚（左）と，それが *Pyrearinus* 属のヒカリコメツキの幼虫によって光り輝くようす（右）（撮影：向井真次）

ホタルなのである（➡第7章）。

　もちろん，海の発光生物にも，獲物の誘引に光を使っているものはいる。なかでももっとも知名度が高いのは，深海に棲むチョウチンアンコウのなかまだろう。チョウチンアンコウは，背鰭の棘が変化してできた「エスカ」と呼ばれる「提灯」を頭の先に吊るし，その光におびきよせられてきた獲物を大きな口でガブリと食べるという。ただし，その捕食のようすを実際に目撃した人は今のところ誰もいない[2]。有名なチョウチンアンコウでさえそうなのだ。深海生物の本当の生態を観察することがいかに難しいか，わかるだろう（➡第8章）。

助けを呼ぶ

　コンビニの軒下やバスの後部には，普段は灯ることのない小さな赤色や青色のランプが取りつけられているのをご存知だろうか。これが点灯しているところを見たことがある人は多くないと信じたいが，そのランプは光によって緊急事態の発生を外部に知らせ，助けを求めるという目的で設置されている。

　このような光の使いかたは人間特有の発明だと思うかもしれないが，実はそうでもない。発光性渦鞭毛藻（➡第1章，コラム6）やムラサキカムリクラゲなどは，発光することで自らを襲ってきた敵の敵，すなわち敵を食べてくれる生物を呼んでいると考えられており，この興味深い戦略は専門家のあいだで "burglar alarm（盗難警報機）" と呼ばれている。自然界の「食べる」「食べられる」という食物連鎖のしくみのうえに成り立つ，巧みな発光の活用法といえるだろう。

　とりわけ，ムラサキカムリクラゲの放つ光は，まるで工事現場の回転灯のよう

第 3 章　光の役割のはなし

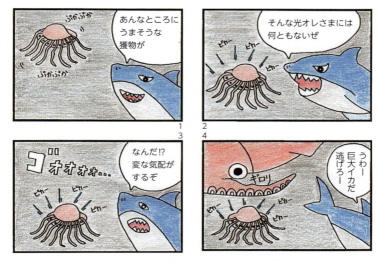

図 3.3　助けを呼ぶ発光（漫画：蟹江秀星）

で警報装置と呼ぶにふさわしい[5]。その特徴的なパターンの発光を模した装置を深海に設置すると，クラゲを捕食しないと考えられている大型のイカが寄ってくる[6]。つまり，ムラサキカムリクラゲが何らかの捕食者（肉食魚など）に襲われると，回転灯が光りだし，それを見た大型のイカが「それ獲物だ」とばかりに寄ってきて，その捕食者が撃退される，というわけである（◆図 3.3）。もしかすると深海では今この瞬間も，そんな光景が繰り広げられているのかもしれない。

姿を隠す

　深海の発光生物には，腹側全体に発光器をもつものが多いが，その役割が自分の姿を隠すことだと聞いたら，奇異に感じるかもしれない。「光ったら，かえって目立つでしょ」と直感的に思うのは当然である。

　しかし，ホタルイカ，サクラエビ，ハダカイワシなど，水深 200 〜 1,000 m のいわゆる「中深層」に生息する発光生物においては，この「光って姿を隠す」戦略がむしろふつうなのだ（➡第 11 章）。ではなぜ腹側を光らせると姿を隠せるのか。その理由を一言で説明すると，腹側を弱く発光させることで海面から届く微弱な太陽光によって生じる自身の影がぼやけて，下にいる捕食者から見つかりに

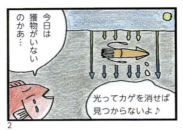

図3.4 姿を隠す発光（漫画：蟹江秀星）

くくなるのである。この戦略を，専門用語では「カウンターイルミネーション」と呼ぶ。「太陽光にカウンターを打つ＝打ち消す」＋「イルミネーション＝発光」という意味である（✦図3.4）。

カウンターイルミネーションによって姿をくらます海の発光生物のなかには，時間帯によって活動する深度を大きく変えて日周移動をするものがいる（この行動を日周鉛直移動という）。その場合，海面から届く光の量は海の深度によって変わるため，自身の影をうまくぼやかすには周りの明るさに応じた発光の強さの制御が必要になると予想される。しかし，生物がそこまでのことをするだろうか？

ところがそれをやっているのである。日周鉛直移動をする発光イカの一種を用いた実験において，照射する光の強さに応じて腹側の発光器からの光の強さがすみやかに変化する例が報告されているのだ[2]。この実験結果は，発光イカにおけるカウンターイルミネーションという戦略が事実であることを強く示唆するとともに，カウンターイルミネーションを成功させるにはそこまでのことをしなくてはならない自然の厳格さを物語っているといえるだろう。

捕食者への警告

動物園だけでなく，街中のガチャガチャのフィギュアでも際立って目を引くのは，色鮮やかで斑点模様のあるヤドクガエルではないだろうか。ヤドクガエルは強力な毒をもつ南アメリカのカエルである。彼らの特徴的な見た目には「毒があるから近づくな」と捕食者に警告する役割があると考えられている。その派手な体色のように，発光生物の光にも捕食者への警告の役割があると考えられている例がある。その一つがシエラネバダ山脈に生息するヒカリババヤスデ属の発光ヤスデ（➡第1章）の発光だ。

第 3 章　光の役割のはなし

図 3.5　捕食者への警告になる発光（漫画：蟹江秀星）

　2010 年に，その発光ヤスデの光の役割を考えるうえで重要な研究が行われている[7]。ポール・マレックらアメリカの研究者は，シエラネバダの森の中に光を発しないヤスデ模型と光を発するように蓄光塗料で細工したヤスデ模型の両方を同じ数だけ一晩置き，捕食攻撃を受ける頻度を比較する実験を試みた。すると，光を発しないヤスデ模型のほうが捕食動物（おそらく齧歯類）からの捕食攻撃を受けた齧り跡が多く見られたのである。そこで今度は，生きた発光ヤスデにその発光を隠すペイント処理をして野外に置いたところ，未処理の発光ヤスデよりも捕食攻撃を受けることがわかった。これら一連の実験結果は，同じ森に棲む捕食者がヤスデの発光を忌避している可能性，すなわち，発光ヤスデの発光には捕食者への警告の役割があるという仮説を強く支持するものといえるだろう。ちなみに，ヤスデには嫌な匂いを出したりまずい味をもっているものが多い。また，この発光ヤスデは目をもっていないので，自分たちの光を自身で見ることはできない。まずい獲物であることを敵に光で警告する際に，自分がその光を見る必要はないのである（✦ 図 3.5）。

襲ってきた敵から逃れる

　体の一部を光らせるのではなく，発光液を体外に分泌する発光生物も数多く存在するが，日本各地で見られるウミホタル（⇒ 第 12 章）はその代表例だ。その発光のようすは強烈な光の煙幕という表現がふさわしく，ビンに採集したウミホタルを海水入りのバケツに勢いよく移すと，彼らが吐き出した発光液によりバケツの中の海水があっという間に青く光る液体となってしまうほどである。ウミホタルの自然界での敵となりそうなテンジクダイ科の魚を用いた実験では，ウミホ

動画2 クロエリシリスの自切部位を完食するウミホタル

タルがその魚の攻撃に応じて強く発光するようすが観察されており[8]、そのことからもウミホタルの発光には敵を惑わせたり怯ませたりする煙幕の役割があると考えられている。そうやって、ウミホタルは敵から逃げる隙を得ているのだろう。

クロエリシリスというシリス科の発光ゴカイも、発光液を分泌する発光生物である。しかしながら、その発光のようすを観察するかぎり、光の役割はウミホタルの場合とは異なっているようだ。クロエリシリスは強い刺激を受けると尾端を自ら切り離し（切り離された部位はやがて再生する）、その自切部位はまるで単独の生物のようにくねくねと動きながら発光液を分泌する。そこで、私（蟹江）は試しに、クロエリシリスの自切部位を入れたシャーレの中に、同所的に生息するウミホタルを2匹投入してみた。すると、いずれのウミホタルも自切部位の発光にまったく怯むことなく見事に完食してしまったのである（▶動画2）。自然環境中では、発光する自切部位が「囮（おとり）」となって敵の注意をそらし、その隙にクロエリシリスの本体はその場から逃げていくのかもしれない。

役割が異なる複数の光を備えた発光生物

ここまで光の役割ごとに異なる発光生物を具体例として紹介してきたが、実は、一つの発光生物が発する光は必ずしも単一のものではなく、その役割も1つとは限らない。

たとえば、発光に雌雄コミュニケーションの役割があると紹介したゲンジボタルやヘイケボタルの場合、彼らが幼虫期に見せる発光は成虫期とは異なる点滅のない発光であり、その役割はまずい味をもっていることの捕食者への警告なのではないかと考えられている（➡第7章）。反対に、捕食者から逃げる役割の例として先ほど紹介したクロエリシリスの発光は、繁殖期においては雌雄コミュニケーションに使われることが知られている[2]。

南アメリカの「鉄道虫」と呼ばれる甲虫は、頭部が赤色に光り、腹部に点々と並ぶ発光器は黄緑色に光る[5,9,10]。詳しいことはわかっていないが、おそらくそれぞれの色には何らかの生態学的に異なる役割があるのだろう。オオクチホシエソなどホテイエソ亜科の深海魚の場合は、青く光る発光器（深海発光魚にはよくある）のほかに、赤く光る発光器を眼下にもっている[5]。青色光とは異なり、赤

色光は多くの深海生物に認識されない色の光であるため（➡第1章），やはり，それぞれの光の役割は異なると考えられる。なお，この赤色光の役割については2つの有力な仮説が提案されている。一つは，相手に気づかれずに獲物に接近するための暗視スコープの役目，もう一つは同種の自分たちだけが認識できる秘密のコミュニケーションツールとしての役割である[2]。ただ残念ながら，どちらの仮説もその正しさがきちんと実証されているわけではない。

カウンターイルミネーションの説明で紹介したホタルイカもまた，役割の異なる複数の光を備えた発光生物である。ホタルイカには3種類の発光器があり，そのうち腕発光器から発せられる強い光の役割はカウンターイルミネーションではなく，敵をあざむく囮だと考えられている（➡第11章）。

役割がない？

本章では発光生物それぞれがもつ何らかの発光の特徴に着目して，そこから考えられる光の役割について述べてきた。しかし，そもそも発光生物の光には必ず何かの役割がある，と考える必要はないのかもしれない。たとえば，生体内の何らかの代謝反応によりたまたま光が出てしまっているだけで，それが生存上の不利にも有利にもなっていない可能性だってある（たとえば，きのこ；➡第4章）。

そう考えるとやはり，部分的な知見から性急に発光生物の光の役割を結論づけるのではなく，発光生物とそれをとりまく環境に天敵や獲物が共存するなかでの発光のようすをつぶさに観察したうえで（もっとも，それが難しいから困っているのだが），発光生物の光の役割をその有無も含めて考えるべきなのである。加えて，今回いくつか例を紹介したように，可能ならば仮説を検証するような実験を行うことも大切である。

幸運なことに，日本では私たちの身近にも数多くの発光生物が生息している。また，ホタルイカ，発光きのこ，グローワーム，発光魚など生きた発光生物の展示施設がいくつもある[9,10]。読者の皆さんも，ぜひ，発光生物たちの光るようすを自らの目で見ながら，その光の役割に想像を巡らせてみてほしい。もしかすると，誰も考えつかなかった生物発光の役割の発見者に，あなた自身がなるかもしれない。

〔蟹江秀星・大場裕一〕

コラム 1

ニュージーランドの発光生物

不思議生物の島ニュージーランド

　長いあいだ地理的に隔離されたことにより独自の進化を遂げた動物たちにもっとも出会える場所，それこそが南半球に浮かぶ島国，ニュージーランドに他ならない．飛べない鳥キウィ，「生きた化石」ムカシトカゲ，一見ふつうのカエルだが肋骨を9本もち（ふつうは8本）大人になっても尾を動かす筋肉が残る「アルカイックフロッグ」と呼ばれるカエルたち．

　もちろん無脊椎動物にもニュージーランド独自の変わり者は少なくない．ミミズを食べる巨大肉食カタツムリ，地球上でもっとも体重が重い昆虫として知られるバッタのなかまジャイアント・ウェタ（その重さ，なんと70g！），最大で25cmにも達する巨大ムカデ．しかし，なんといってもすごいのは，ニュージーランドでしか見られない発光生物たちのユニークな顔ぶれであろう．そして，その代表選手が，このコラムでフォーカスする，「巨大発光ミミズ *Octochaetus multiporus*」「世界唯一の淡水性発光貝 *Latia neritoides*」，そして「光を使って獲物を捕らえるキノコバエ *Arachnocampa luminosa*」，この3種だ[1-3]．ちなみに，これらの3種は発光するという点では共通しているが，それぞれが独立に発光能を進化させたため，発光反応メカニズムもそれぞれ独自のものが使われている．まさに，これら発光種の存在こそが，ニュージーランドという孤島で起こった進化の歴史そのものなのである．

オクトキータス

　発光ミミズ *O. multiporus*（以下，オクトキータス）は，ニュージーランドの北島と南島の両方に分布するニュージーランド固有種で，その長さは最大50cmにもなる大ミミズである（➡第5章）．ちなみに，北オークランドに分布するニュージーランド最大のミミズ *Anisochaeta gigantea* は，なんと1.4mにも達するが，発光はしない．両種とも土の深いところに潜って暮らす，ふつうのミミズと同じ腐植食性のミミズである．なお，オクトキータスはヨーロッパから移植された環境である牧草地にもうまく適応して数を増やしているが，*A.*

gigantea のほうは，変化しつつある環境に適応しきれず数を減らしている。

　オクトキータスの発光メカニズムに使われている基質ルシフェリンは，他の発光ミミズのそれと同じかよく似たものだと考えられているが，一方の酵素ルシフェラーゼは，発光色が他の発光ミミズと異なるので（オクトキータスの発光は黄色（✦ 図1），他の発光ミミズは青緑～黄緑色），おそらく独自のものが使われているようだ。ただし，分子レベルでの詳しい発光メカニズムはまだわかっていない。

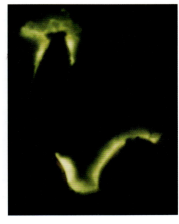

図1　オクトキータスの発光

　刺激を受けると体から発光する粘液を放出するが，おそらくミミズがのたうちまわるあいだにその発光液が体のまわりに広がっていくのだろう。このことから，オクトキータスの発光には防御の役割があると想像されている。ただし，大雨の後などにこのミミズが地上に現れると，キウィや他の捕食者たちに簡単に食べられてしまっていることから，毒をもっているとかまずい味がするというわけでもないようである。なお，オクトキータスの寿命はおそらく50年くらいとされているが，正確なことはわかっていない。ニュージーランドの先住民マオリは，その昔，この光る大ミミズをウナギや他の魚を釣るのに使ったそうである。

ラチア

　完全に淡水で生活する発光生物は，世界広しといえども，このニュージーランドの固有種 *L. neritoides*（以下，ラチア）以外にはまったく例がない。殻の大きさ約1 cmくらいの平たい巻貝のなかまで，ニュージーランド北島を流れる小川や沼などに生息している（✦ 図2）。なお，ラチア属にはもう一つ，*L. manuherikia* という種が知られているが，こちらは化石種なので，発光するかどうかはわかっていない。ラチアは1850年にグレイによって新種記載されてから，その発光の生態や体の構造が多くの研究者によって調べられてきた。私たちはとくに，ラチアの視覚と発光の関わりについて，光らない近縁種との比較を行っている。

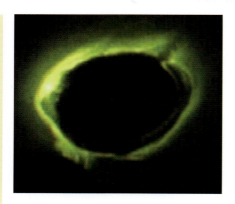

図2　ラチアの発光

ラチアの研究からわかってきたことの第一は，まずその発光メカニズムである。これはまだ完全に解明されたわけではないが，独自のルシフェリン分子が使われていることが確かめられている。ちなみにこの研究を行ったのは，発光クラゲの蛍光タンパク質でノーベル化学賞を受賞した下村脩博士（➡ コラム5）とその師匠のジョンソン博士であった。一方のルシフェラーゼの実体は，未だ明らかになっていない。

　もう一つラチアでわかってきていることは，発光の役割についてである。物理的な刺激（おそらく魚やヤゴなどの攻撃を受けたときの刺激）を受けると，その肉質部から黄緑色の鮮やかな発光液を分泌するが，535 nm に極大をもつその光のスペクトルは，他の生物からの視認性が高く，また川の水に吸収されにくい波長特性となっているという。実際，魚やヤゴが，（ラチア本体ではなく）ラチアから放出されて下流に流れていく発光液を追いかけていくようすが観察されていることから，発光液には攻撃を回避する役割があると想像される。さらに，その発光粘液が口につくと，捕食者はこれを嫌がり，何時間にもわたってそれをぬぐい取ろうとする。おそらく，捕食者にとって発光粘液はまずい味に感じられるのだろう。ただし，人間が味見してみた感じでは，そのまずさはよくわからなかった。一方，ラチアは非発光種の貝と比べてとりわけ大きな目をもっているが[4]，発光を互いのコミュニケーション（縄張りのための威嚇や相手を見つける役割など）に使っているようすはない。

ヒカリキノコバエ

　ニュージーランドでもっともよく知られた発光生物といえば，通称グローワーム，*Arachnocampa luminosa*（ニュージーランドヒカリキノコバエ，以下，ヒカリキノコバエ）をおいて他にはない（◆ 図3）。成虫は，1.5 cm ほどの蚊のような姿だが，人を刺したりすることは決してなく，何も食べずに3日足らずで死んでしまう，か弱い存在だ。しかし，幼虫のときはそうではない。他の虫を

コラム1　ニュージーランドの発光生物

捕って食べる獰猛な肉食者なのである。

　ヒカリキノコバエの幼虫は，崖下や密集した茂み，とりわけ洞穴や洞窟の中など，暗がりを好んで棲んでいる。もっとも有名なのは北島のワイトモ洞窟で，この中に棲む無数のヒカリキノコバエを見るツアーは，いつも観光客でいっぱいだ。そ

図3　ワイトモ洞窟のヒカリキノコバエ

して，彼らが洞窟の中で見たいものこそが，ヒカリキノコバエの変わった捕食戦略に関わるその発光現象なのだ。

　ヒカリキノコバエの幼虫が捕食するのは主に小さな羽虫である（つまり，ときには自分たちの親もそこには含まれる）。彼らは餌を追いかけることはしない。その代わり，特別な手段を使って餌をおびきよせる。どうやって？　ではまず，彼らの巣のつくりがどうなっているのかをみてみよう。

　住処の天井には，30 cm くらいのたくさんの糸が括りつけられ，これにはネバネバする接着剤が数珠状についている。もちろんこれは羽虫を捕らえるワナだ。ねばつく糸のカーテンの奥で身を潜める幼虫は，尾端を青色に強く光らせながら獲物を待つ（垂れ下がった糸が光って見えているのは，幼虫からの光が反射しているだけ）。その光におびきよせられてきた羽虫が釣り糸に絡め取られたらもう逃げられない。幼虫は悠々と獲物を引き上げ，その肉汁を心ゆくまで啜るのである。

　幼虫の尾端の発光は非常に強いが，使っているエネルギーはそれほどでもないのかもしれない。ヒカリキノコバエのルシフェリン分子の構造はまだ完全には解明されていないが，おそらく代謝で不要になった物質を使っていると考えられているからだ。ヒカリキノコバエの幼虫が，数週間餌がなくてもずっと光り続けられるのも，きっとそのエネルギーコストの低さゆえだろう。

　実は，ヒカリキノコバエの光がおびきよせているのは，餌となる獲物だけではない。ヒカリキノコバエを捕食する敵をおびきよせてしまい，自分が餌になって

いるのだ。通常，洞窟の生き物には視覚を退化させているものが多い。しかし，洞窟性ザトウムシの2種は，むしろよく発達した目をもっているが，もちろんこれは，ヒカリキノコバエを見つけて食べるためである。

　ヒカリキノコバエのなかまはオーストラリアにも知られている。また，巣の形状は違うが似たような発光キノコバエは，北アメリカにも知られている。一方，南アメリカやジャマイカの洞窟には，ヒカリキノコバエによく似た姿で，やはり同様のねばつく糸をたくさん垂らしているのに発光しないキノコバエが知られている。

　本コラムを締めくくるにあたって，グラハム・イーストという名前のクライストチャーチ出身の紳士にまつわる話をしよう。数年前，彼は私に小さな光る生物を土の上に見つけたことを連絡してきた。その生物の正体を知るために彼が送ってくれたそのものとは，はたしてトビムシという六脚類（昆虫に近いが昆虫には含めない節足動物）で（➡コラム4），ニュージーランドからはこれまで報告されたことのないものであった。またある人からは，ニュージーランドの森の中で光る木の枝を見つけたと教えてもらった。これは，間違いなく発光性の菌類であるが（➡第4章），おそらくまだ記載されていない新種であろう。これらのエピソードは，自然に対する好奇心と鋭い観察眼さえあれば，今でもまだまだ新しい発見があることを物語っている。しかもその場所が不思議生物の宝庫ニュージーランドならば，それはなおさらなのである。

〔ヴィクトール・B・マイヤーロホ　著，大場裕一　訳〕

コラム 2

羽根田弥太と日本の発光生物学

　昭和 10 年代から平成初期にかけて日本の発光生物学を牽引した羽根田弥太博士（➡コラム 5）（以下，羽根田）の略歴と業績について，羽根田が長年館長を務めた横須賀市博物館が編纂した業績目録[1]と羽根田が一般向けに著した書籍[2]をもとに紹介する。

出生〜終戦

　羽根田は 1907 年岐阜県大垣市生まれ。旧制高知高等学校理科乙類を卒業後，1931 年に台北帝国大学農学部に入学するも，翌年には東京慈恵会医科大学本科に入学，卒業後も同大衛生学教室の助手そして講師として在籍するかたわら，1937〜1942 年のあいだに 4 回，南洋パラオ熱帯生物研究所に研究員として派遣され，南洋および東南アジアにおける発光生物の研究を行った。1942 年には発光細菌および細菌と動物との共生の研究で医学博士の学位を取得，同年，日本領になったばかりの昭南島（現 シンガポール）に陸軍司政官として着任した。同島では昭南博物館（現 シンガポール国立博物館）の副館長，のちに館長として勤務するとともに，東南アジア地域に展開した南方軍での発光細菌の研究にも従事した。

　羽根田による最初の発光生物学の業績は，東京慈恵会医科大学衛生学教室教授の矢崎芳夫医学博士（以下，矢崎）と著した 1935 年の報文である。矢崎が発光生物研究に関わったのはその約 10 年前で，当時（1920 年代）は 19 世紀末のルシフェリン–ルシフェラーゼ反応の発見に端を発し，さまざまな動物群で発光する種の知見が蓄積された一方，同反応では説明できないケースに対し提唱された「発光バクテリアとの共生発光説」の立証がイカ類や魚類で試みられていた。当時の主流であった発光器の形態学的・組織学的観察に加え，矢崎は細菌学的な純粋培養によるバクテリア観察を強みとし，1928 年に魚類でははじめてとなる共生発光の証拠をマツカサウオで明らかにした。羽根田が矢崎のもとで発光生物研究に着手した当時，魚類の共生発光には 2 つの重要なテーマがあった。一つは，1912 年に魚類ではじめて共生発光が疑われたソコダラ類での立証，もう一つは

1921 年にプリンストン大学のニュートン・ハーヴェイ教授（➡コラム 6）（以下，ハーヴェイ）が共生発光としつつも決定的な証拠が出ていなかったモルッカ諸島バンダ島の発光魚 2 種（ヒカリキンメダイとオオヒカリキンメ）での立証，である。羽根田は前者の立証（1938 年）を皮切りに，ソコダラ類とともに高知県で採取したホタルジャコやパラオ派遣時に採取したヒイラギ類について，発光器の特定や共生発光に関与するバクテリアの純粋培養にも成功した。後者については，パラオ派遣時に念願のヒカリキンメダイの幼魚をわずかながら採取，発光器の観察や細菌学的な検証を行い，発光バクテリアが検出されなかったというハーヴェイと同じ結果を得つつも，解釈における相違点を丁寧に分析して公表した[3]。

戦後〜横須賀市博物館長就任

羽根田は終戦の翌年にシンガポールから復員し，1947 年に親戚を頼り逗子市へ移住，同年に横須賀市役所教育部学務課に学校衛生技師として採用されて以降，同部社会教育課郷土文化研究室室長や同部指導課の兼務指導主事にも任命された。

横須賀市は神奈川県の南東部，東京湾と相模湾を隔てるように南へ突き出た三浦半島の中央に位置し，北西部で逗子市とも隣接する。前述の郷土文化研究室は，横須賀市制 50 周年（1957 年）に向けた市史編纂業務とともに市博物館（1954 年〜）設立に向けた準備も担った。羽根田は室長として，地域の自然や歴史を編纂し展示する準備を進めながらも発光生物研究も継続し，発光生物に関する知見を三浦半島向けにローカライズした総説[4]も出している。

シンガポールからの復員，横須賀市役所への就職，さらに同市博物館の開館や館長就任と，わずか 10 年間に羽根田の置かれた環境はめまぐるしく変わり，発光生物研究に専念できなかったことは想像に難くない。しかし，戦中に発表した業績が，戦後の羽根田を国際的な発光生物研究の舞台へと押し上げる。前出の文献[3]に対して，ハーヴェイから羽根田のもとに反論の手紙が届いたことを契機に，ハーヴェイとの共同研究が始まったのだ。当時の発光生物研究は，ルシフェリン–ルシフェラーゼの化学的な理解の緒にあり，日本特産の大型種ウミホタルはその実験材料として好適であっただけでなく，羽根田が戦中に発見した各地の発光生物もまたハーヴェイらによる化学的な分析に供されたのであった（➡コラム 5）。1954 年，羽根田はカリフォルニア州アシロマで開催された第 1 回国際発光生物会議に日本からただ一人出席した。羽根田の講演は，世界に類をみない豊か

な発光生物が各地の漁港を拠点に採取できる日本という魅力的なフィールドと，そこでバクテリアから菌，動物に至るまで多様な発光生物を扱う研究者・羽根田とを，同時に世界へ知らしめた。

羽根田の興味は種々の発光生物の発見に向けられた一方，生物分類とりわけ魚類の比較形態・分類学における発光種の位置づけにも向けられた。後者は，羽根田が最初に取り組んだソコダラ類 5 属 10 種の発光器の比較形態学的解明から，外観上発光魚とわかりにくいヒイラギ類やホタルジャコにおける発光器の発見へと進展した。ホタルジャコについては，共生発光バクテリアおよび発光器の形態の違いから同一種内に 2 つの型を見出し，うち一方の型が後に新種（ハネダホタルジャコ *Acropoma hanedai*（Matsubara, 1953））とされた。

日米共同研究〜定年退官とその後

前出の国際会議を契機に，羽根田は 1950 年代後半から十数年にわたり，日米科学協力事業をはじめとする国際的な共同研究に身を置いた。主な共同研究者にはプリンストン大学のフランク・ジョンソン教授，ピッツバーグ大学のフレデリック・ツジ博士，名古屋大学の下村脩博士などが挙げられる。他の発光動物を食べ，その発光物質を利用するキンメモドキやイシモチ類の発見，さまざまな発光生物の各ルシフェリンの精製，異種動物間のルシフェリン交叉反応などは，こうした共同研究の成果として数えられる。

横須賀市博物館には，1954 年の開館当初から羽根田が収集した国内外の発光生物コレクションが展示されていたが，1970 年の同博物館新館の新設・移転の際に発光生物コーナーも大幅に更新された。同じ頃，バクテリア・菌類ほか 12 動物門 100 種以上の発光動物を掲載する文献[2]を刊行したことにより，横須賀市博物館新館の発光生物コーナーは，さながら同書を「展示解説書」とした日本における発光生物コレクションの殿堂の様相を呈した（◆ 図 1）。

羽根田は横須賀市博物館開館 20 年目にあたる 1974 年 3 月に定年退官し，以降約 20 年間，嘱託の学芸員や研究員として同館と関わりながら活動したのち，1995 年 1 月に 88 歳で逝去した。横須賀市博物館における発光生物研究は，その一部であるホタル類について，羽根田の定年の翌年に採用された元学芸員の大場信義博士に引き継がれた[5]。前述のとおり，羽根田が発光生物研究のなかで大きな関心を寄せていた魚類の比較形態・分類学的研究は，1969 年に採用された元学芸員・元館長の林公義氏に引き継がれた。羽根田が収集した発光生物コレクシ

図1 横須賀市博物館新館（現 自然・人文博物館）常設展示「発光生物」コーナー

図2 定年後の羽根田，博物館にて（撮影年不詳）（所蔵：横須賀市自然・人文博物館）

ョンは，横須賀市博物館羽根田発光魚類（YCM-HLP）ならびに発光昆虫（YCM-HLI）コレクションなどに分けられ，現在の横須賀市自然・人文博物館（1983年に「横須賀市博物館」から名称変更）に所蔵されている。

文献2の『発光生物の話』は，動物門ひいては界を超え発光生物のテーマのもと幅広い研究対象を探究した羽根田による「解説書」であり，各生物の解説文は数多くの関係者の名前や国内外のさまざまな地名に彩られる。同書からは羽根田が自ら各地に足を運んで，ときに地元の第一発見者に教わり，ときに海外の高名な研究者と議論し，観察や実験を通して自分自身の眼で確かめようとしてきた足跡が生き生きと感じられる。未知の発光生物を研究者たちと引き合わせ，日本人研究者たちを海外の発光生物研究者たちと引き合わせ，日本という豊かな発光生物研究フィールドを世界の発光生物研究者たちと引き合わせた場には羽根田がいて，それを契機に日本の発光生物学は国際的な共同研究のなかで発展を遂げた。私は国際的な研究コミュニティへデビューした日本の発光生物学にとって羽根田がエスコートのような存在であったと考える（✦ 図2）。　　　　　　　　　　　　　　　〔内舩俊樹〕

II
陸の発光生物

第4章
光るきのこのはなし

きのこが光る！

　ミステリアスという点で，発光きのこに優る野生生物は，おそらく他にはないだろう。ふと気づくと，鬱蒼と真っ暗な森の中でその一叢だけが音もなくボンヤリと光を放っているのだから，夜道でたまたま目撃した昔の人たちが妖怪変化と早合点して飛んで帰った，などという話が残っているのも無理はない。たとえば，江戸時代の異聞にみられる「狐火」や「龍燈」といった木の幹や根元が光る怪現象の正体は，そのすべてではないにしても，一部は発光菌類または発光きのこの見間違いだろうとされている[1]。
　かくいう私も，八丈島（➡コラム8）の漆黒の森の中を案内されてはじめてヤコウタケを見たときは，これがこの世のものかと度肝を抜かれた。江戸時代の人と一つだけ違ったのは，逃げ出す代わりに「これって人工物？」と思ってしまったことだろう。緑色の連続光を弱く放つそれは，自然物というよりも，蓄光材料で精巧に作られたおもちゃのように見えたのである（私とのコラボで「光るキノコのマグネット」というカプセルトイが生まれたのは，もちろんそれからずっと後のことであり，その出来映えは思った以上にリアルだった）。
　不思議な生命現象に目のない科学者たちは，当然ながらこのミステリアスな発光菌類にも好奇の眼差しを向けた。近代科学を創始した一人に数えられるイギリスの物理学者・化学者ロバート・ボイルは，森の中の「光る枝（shining wood）」（当時それが発光菌類によるものであることはわかっていなかった）に注目し，1668年，自ら開発した真空装置を使った実験により，その発光には「炭のおき火が赤く光るのと同じように，空気が関与している」ことを明らかにしている。また，『昆虫記』で知られるフランスのジャン＝アンリ・ファーブルは，彼がまだアヴィニ

ョンの高校で物理の教師をしていた 1855 年，オリーブの木に生える発光きのこ（おそらく，ツキヨタケに近縁なヨーロッパによく見られる種 *Omphalotus olearius* だと思われる）をさまざまな純粋気体に曝し，その結果，その発光に関わっている気体が酸素であることを証明している[2]。

しかしながら，その後しばらくは発光きのこの光るしくみについての研究に大きな進展はなく，次のターニングポイントが訪れたのは，化学分析技術が進歩する 1960 年代に入ってようやくのことであった。

世界の発光菌類

一方で，きのこを記載する分類学的研究は滞ることなく進み，おかげで現在までに発光する菌類は世界でおよそ 100 種が認められているが，そのうち日本に分布しているものが 25 種もある。発光菌類の多くが熱帯産であるにもかかわらず，世界全体の 1/4 にも及ぶ種数が日本から見つかっているのはなぜだろう？ その理由の一つに，きのこを愛好する文化的土壌のおかげで，きのこの徹底的な調査が行われてきたことがあるのは間違いない。加えて，発光現象が発見される下地として，私たちが昔から蛍狩りや虫聞き（虫の声を聞きに酒肴を持って野山に出かける江戸時代のレジャー），講中登山（信仰にかこつけた江戸時代のナイトハイク）など，夜のネイチャーイベントを好んで行ってきたことも無関係ではないだろう，と私は睨んでいる[1]。そもそも，私たちは光るものが大好きなのだ。日本で見つかった 25 種につけられた和名には，ヤコウタケ，シイノトモシビタケ（➡ コラム 8），ホシノヒカリタケ，ギンガタケ（✦ 図 4.1），モリノアヤシビなど，光ることへの愛着がそこはかとあふれている。

ただし，発光菌類のすべてが子実体（いわゆる「きのこ」のステージ）になっても発光するとは限らない。たとえば，北海道ではボリボリの通称で知られる可食種を含むナラタケのなかま（ナラタケ属とナラタケモドキ属）は，菌糸のステージでは発光するが，その子実体は発光しない。そのため，クロゲナラタケ，オニナラタケなど，発光とは関係のない淡白な和名がついている。

ちなみに，発光きのこは，滅多にお目にかかれない珍しいものだと一般に思われがちである。確かに，ツキヨタケは本州，四国，九州に広く分布しているものの（北海道は渡島半島のみ），標高の高い秋のブナ林に行かなくては見ることができない。また，それ以外の種は，本州で見つかった例はあっても，主な分布は

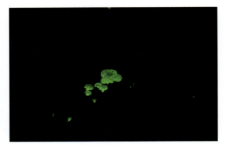

図 4.1 ギンガタケ *Resiomycena fulgens*（撮影：山下崇）
子実体一つ一つは最大 3 mm と小さいが，それがスダジイの生きた大木の幹に群がって生えているさまは，夜の森に現れた地上の「銀河」そのものである。八丈島にて。

図 4.2 私の所属する中部大学キャンパス内の森で見つけた「光る落ち葉」のかけら
種名はわからないが，おそらく菌糸が発光することのまだ知られていないクヌギタケ属の既知種であろう。

八丈島や小笠原諸島，沖縄県などの暖かい島々であるから，なかなか見ることができないというのはある意味本当かもしれない。しかし，子実体は発光しないが菌糸ステージでは発光する種であれば，未知種も含めて意外に身近なところでも見つけることができる。

　平地の町中でも構わない。近くの林や小さな森に行って，積もった落ち葉の下の方から湿って腐りかけた葉っぱや小枝を多めに拾って来たら，夜まで乾かないように密閉容器に入れておく（少し霧吹きをしておくとよい）。暗くなったらトイレや押入れなど完全に真っ暗なところで目をよく慣らし，何かボーッと光るものがないかじっくり目を凝らしてみてほしい。私の経験では，落ち葉 1,000 枚に数枚くらいの割合で葉っぱの一部が発光しているものがきっと見つかるはずである。スマホで撮影は無理かもしれないが，デジカメで ISO を最大にして長時間露光すれば，肉眼ではわからなかった光の色が実は緑色であることを，写った画像から知ることができる（➡コラム 8）（✦ 図 4.2）[3]。

光とその意義

発光菌類が発する光の発光スペクトルは，最大発光波長を530 nm付近（緑色）にもった450 nm（藍色）〜 700 nm（赤色）にわたる緩やかな山型で，ヒトの目には鮮やかな緑色に見える。これは，ヒラタケ科のシロヒカリタケからクヌギタケ科のアミヒカリタケまで，まったく変わりがない。ナラタケの菌糸やスズメタケの子実体のように発光が弱いと，ヒトの錐体が働かずに色がわからなくなって「青白く光っていた」などと表現されてしまいがちだが，実際の発光色が緑色であることは，上記のとおり高感度撮影をしてみれば一目瞭然だ。つまり，発光菌類は，種に関わらず，みな例外なく緑色に発光するのである（✦図4.3）。

では，その緑色に光る発光菌類の「光の意義」とは何なのだろう。実は，とっくに解明されていそうなこの疑問に対する答えには，今のところ確からしいものがない（➡第3章）。

もっとも，仮説ならばいくつかある。そのなかでも一番よく知られていてもっ

図4.3　きのこの光の色は，みんな同じ緑色（漫画：石井桃子）

図 4.4 ヤコウタケ *Mycena chlorophos* に集まるトビムシのなかま（撮影：西野嘉憲）
光る傘の上で何をしているのだろうか。父島にて。

とも強く信じられているのが,「光で虫をおびきよせて胞子を運んでもらっている」という「胞子分散説」である。確かに, 夜の森に行ってみると, ハエのなかまやトビムシやアリやカタツムリが発光きのこの傘に群がっているのを見ることがある（✦ 図 4.4）。しかし, きのこに虫が集まるのは昼夜に関係なく起こっていることだし, またそれは発光きのこに限ったことでもない。そもそも, 光に昆虫類が誘引されるのは当然である。さらに, 集まってきた虫にちゃんと胞子が付着しているのかどうかも確かめられていないし, たとえ虫の体に胞子が付着していたとして, それが風で飛ばされる以上に胞子分散効率に寄与しているかどうかは誰も調べていない。つまり今のところ, ワタクシ的には, 証拠が不十分すぎるこの説を信じる気にはあまりならない。

　もう一つよく知られている仮説が「光ることで毒をもっていることをアピールしている」という「警告説」である。毒きのこは食べられないよう派手な色で自分を守っているというイメージがあるせいか（本当はそんなことはない）, 発光きのこも光って目立つことで毒があるから食べるなと警告しているんじゃないか, という思いつきであろう。確かにツキヨタケには強烈な胃腸毒がある。しかし, 昼間に見るツキヨタケは, いかにも食べられそうな色かたちをしていて, しかも実際とてもおいしいらしく, それゆえ毒きのこの誤食件数では, ツキヨタケが毎年ナンバーワンであるから, 警告になっていないことは明らかだ。しかも, それは人間が食べた場合の話だ。甲虫やカタツムリなどがツキヨタケを平気でモリモリ食べているようすがしばしば目撃されているから, 彼らにはその毒は効かないのだろう。一方, それ以外の発光きのこについては, ヒトに対する明確な毒性が知られていない。せっかく傘が開きはじめたヤコウタケが, 翌朝にはナメクジにすっかり食べつくされていた, などという場面を私は何度も見ている。だから, この警告説も, 私はあまり信じる気にはならない。

　発光きのこの光の役割に関する究極の仮説は,「光自体には意味はない」とい

う「無意味説」である。なお、この仮説を口にすると、すぐに出てくるのが「発光には多大なエネルギーを使っているはずだから、意味がないはずがない」という反論であるが、それは早合点というものだ。生物発光の反応効率は非常に高く、そのため発光きのこにとって発光することのエネルギーコストはわずかである、という研究報告がある。さらに、発光きのこの発光現象は「生体内の何らかの代謝反応の副産物として出たエネルギーがたまたま光になっているだけ」だとしたらどうだろう。光を出すこと自体が大きな不利益にならないかぎり、その形質が進化の過程で淘汰されなければならない理由はない。もちろん、「光ることに意味はない」というこの仮説を支持する積極的な実証例は何もないのだが（何かが「ない」ことを証明するのはたいてい難しい）、案外これが正解なのではないかと私はひそかに思っている。

発光メカニズム

　冒頭近くで述べたように、発光菌類の発光反応メカニズムに関する研究は、ファーブル以降1960年代くらいまでは、とくに目立った進展はみられなかった。しかも、1960年代以降に行われた研究は、わずかな正解と多くの不正解が入り混じったジグザグ走行だったといってよいだろう。さまざまな基質（ルシフェリン）候補分子が提案され、そもそも酵素が関与しない反応（化学発光）で光っているんじゃないかという説さえ登場した。なお、現在までに、酵素の関与しない反応で発光する生物は、一つも知られていない。

　ところが2015年、真の基質（ルシフェリン）の化学構造がついに決定するやいなや、その解明が一気に進み、2018年には発光酵素（ルシフェラーゼ）遺伝子と基質生合成遺伝子が特定され、100年来の謎とされていた発光菌類の発光メカニズムは、あっという間にその全貌が明らかになった。ささやかながら私も関わって進められたドラマティックなその謎解きの経緯と詳細については他に譲るとして[4-6]、ここではその結果明らかになった発光菌類の発光反応メカニズムを簡潔に説明するにとどめよう。

　発光菌類の発光メカニズムは、いわゆる酵素基質反応で説明される（やはり、酵素の関わる反応であった）。その基質であるルシフェリンは、「3-ヒドロキシヒスピジン」という化学物質で、これは、発光しないきのこにも含まれている薬理活性物質「ヒスピジン」からワンステップで作られる。ちなみに、これまでに知

られている他の発光生物のルシフェリン分子と 3-ヒドロキシヒスピジンとのあいだには，化学構造上の類似性はまったくない。一方の発光酵素ルシフェラーゼにも，そのアミノ酸配列に他の発光生物のルシフェラーゼとの類似性（配列相同性）はみられない。そして，この発光菌類特有のルシフェラーゼの働きで 3-ヒドロキシヒスピジンと酸素が反応し，そのときに発生するエネルギーの一部が光として放出されるのである（➡第 2 章）（◆図 4.5）。

興味深いことに，この発光反応メカニズムは発光菌類すべてで基本的に同じ，つまり，発光菌類は種に関わらず同一の分子をルシフェリンとして使い，有意に相同性のあるタンパク質をルシフェラーゼとして使っていることがわかっている。なお，発光する菌類は，担子菌門ハラタケ目の少なくとも 3 科にまたがって

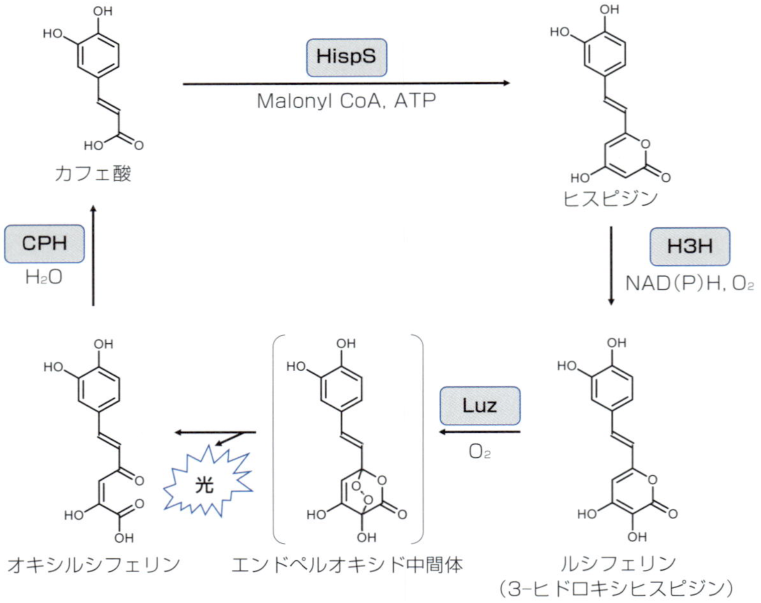

図 4.5 明らかになった発光菌類の発光メカニズム
右下のルシフェリン（3-ヒドロキシヒスピジン）がルシフェラーゼ（Luz）の触媒作用により酸化を受ける過程で光が放出される。詳しい反応プロセスの説明は他書に譲るが，ここで重要なのは，発光反応により生成したオキシルシフェリンが CPH, HispS, H3H という 3 つの酵素によって再びルシフェリンへとリサイクルされている点である。すなわち，発光きのこが連続光を放出しているのは，このサイクルが常に回っているためだと考えられる。また，このサイクルを回している 4 つの酵素の遺伝子を他の生物に導入すれば，光る生物が作出できることがこのスキームからみてとれるだろう。

知られており，それら3科は互いに最近縁なグループ同士ではないとされている。このことから，菌類における発光形質は，菌類の進化の過程でたった一度だけ（おそらくジュラ紀頃に）獲得され，その後，一部のグループが発光する能力を失ったものと考えられている[4]。

発光きのこの今後の展望

　2020年，真っ赤な子実体が特徴的なガーネットオチバタケが弱く発光していることが，日本のきのこ愛好家らによって発見されて話題となった。最近，発光きのこの新産地が次々と見つかってきているのも，きのこ愛好家らの熱心な調査のおかげである。たとえば，もともと日本では小笠原諸島と八丈島にしか分布していないと考えられたヤコウタケであるが，その後，本州のさまざまな場所でも発見されるようになり，最近なんと青森県でそれらしきものが見つかった[7]。きのこ愛好家たちの活躍により，今後も発光きのこの新種発見や新産地発見はまだまだ続きそうだ。

　一方の発光反応メカニズムについては，上記のとおり，2018年にその全貌がすっかり解明されたので，これ以上何か目新しい発見は特別なさそうに思われる。その代わり，これからは，発見されたルシフェラーゼ遺伝子とルシフェリン生合成酵素を他の生物に導入して「光る生物を創る」研究が進むだろう。実際，世界ではすでに，発光きのこの発光関連遺伝子を導入した「光る酵母」と「光る植物（タバコとペチュニア）」の作出が実現している[6]。聞くところでは，光るペチュニアの花は，肉眼でも十分に光って見えるほど強い光を放っているという。ちなみにこれを作出したアメリカの会社 Light Bio は，将来的には，光る観葉植物の販売や光る街路樹への応用を考えているそうである（2024年4月，Light Bio はついに光るペチュニアのアメリカ国内先行販売の受け付けを開始した）。

　発光きのこに残された最後にして最大の謎は，発光の役割，すなわち生物学的意義についてであろう。上述のとおり，発光きのこがなぜ光るのか，その役割はよくわかっていない。幸いに日本では，北海道から沖縄県まで25種もの発光菌類が見つかっている。それらを使って，野外観察と実験に基づいた研究が今後進められることを期待したい。ただし，その実証はおそらくそう簡単ではない。

〔大場裕一〕

コラム 3

光るカタツムリ

一見ふつうのカタツムリ，しかし…

「ぱっと見のフツーさと，それが光るという驚きとのギャップが一番はなはだしい発光生物ってなに？」と問われたら，私ならば即座に"*Quantula striata*"の学名を答えるだろう。

Quantula striata は，発光するカタツムリである。日本には分布していないので正式な和名がないが，専門家のあいだで「ヒカリマイマイ」と呼ばれることもあるので，ここではその名前で呼ぶことにしよう。ヒカリマイマイは，3万種以上が知られているカタツムリのなかまのなかで，世界唯一の発光種であった。かといってものすごく珍しいかというとそうでもなく，シンガポールやマレーシアではごく普通種で，雨季には芝生や石の上など至るところで見られるという。フィジー島にはもともといなかったが，最近侵入して，在来種カタツムリとの競合が心配されるほど増えている。

そのヒカリマイマイがすごいのは，なんといっても，その見た目の平凡さと，意外にもそれが発光するという事実との落差である。一見すると，よく見慣れたふつうのカタツムリの姿なのに（✦ 図1），これが夜になると発光するのである。しかも，発光するのは口器近くの1か所で，そこがリズミカルに緑色の光で点滅するのだから驚きだ（腹足全体が発光するという記述もあるが，私が見たかぎりでは腹足の発光は認められなかった。当時，もしかすると複数種を混同して観察していた可能性がある。詳しくは後述する）。

図1 ヒカリマイマイの幼体
民家の庭石の上にいた。大きくなると殻径が約2.5 cmにまでなるが，これくらい（殻径約1 cm）の幼体のほうがよく発光する。フィジー本島にて。

私も，知識としてヒカリマイマイのことは知っていたが，フィジ

一島ではじめてホンモノを見たときは，「なんだこの生物は！」と激しい衝撃を受けた。ともあれまずは，その発光のようすを収めた貴重な動画を，とくとご覧いただきたい（▶動画3）。

ヒカリマイマイの光の謎

このカタツムリが発光することに気がついたのは，終戦まで日本占領下にあった「昭南博物館」（現 シンガポール国立博物館）に陸軍司政官として滞在していた羽根田弥太である（➡コラム2，コラム5）。もっと正確にいうと，1942年6月（ただし，資料によっては1942年8月，1943年9月，1943年10月など，記述はまちまち）に熊澤誠義というマカッサル研究所（インドネシア・スラウェシ島）の技師がシンガポールを訪れた際にホテルの庭でそのカタツムリの発光を見つけ，発光生物学者である羽根田に報告したところ既知種のカタツムリであることが判明した[1]。

ところで，このヒカリマイマイの口の点滅には，どういう役割があるのだろう？実は，これが解けないナゾナゾのようなミステリーなのである。

まず第一の謎は，大きくなった成体よりも小さな幼体のときのほうがよく光る点である（◆図1）。このことは，ホタルの成虫のように光を配偶相手（カタツムリは雌雄同体）とのコミュニケーションに使っているという可能性がなさそうであることを意味する。では成体が光らず幼体が光るメリットは何なのか？

第二の謎は，ヒカリマイマイを刺激しても発光しない点である。ヒカリマイマイの幼体は，ツノ（触角）を伸ばして這い回っているときはポカポカと点滅を繰り返しているが，棒でつついて刺激すると，ツノを引っ込め発光は止まってしまう。発光生物の比較的多くのものは刺激すると発光することから，それらの種における発光の役割は，敵に攻撃されたときに光で驚かせて身を守る（もしくは強い光で目をくらませる）効果であるとみなされている。だから，ヒカリマイマイの発光は，敵を驚かす役割でもなさそうだ。

そもそも，発光するのは口の近くであり，カタツムリを飼育したことのある人ならばご存知のとおり，口は腹側についている。そのため，発光を撮影するときはガラス板に貼りつけて裏側から見えるようにしなくてはいけない。つまり，上から

動画3 図1の個体が発光しているようす
ガラス板に這わせて，裏側から撮影している。光は十分に強く，ガラスの裏側からならば肉眼でもはっきりと見えた。フィジー本島にて。

見ても光っているようすはわかりにくい。そうなると，そもそも発光に意味があるのかどうかさえ怪しくなってくる。

考えられる仮説

　ただし，もしかすると葉っぱの裏からならば，ヒカリマイマイの口の光は見えるのかもしれない。ヒカリマイマイは，ごくふつうのカタツムリと同様に植物食である。ところが，葉っぱに含まれるクロロフィルの吸収スペクトルが緑色領域にあることを考えると，緑色に発光するのは何としても都合が悪い。生物がそんな都合の悪いことをするものだろうか。

　なお，私は，ヒカリマイマイの発光の役割については，「ホタルに食べられているカタツムリに擬態している」という仮説を考えている[2]。ホタルの幼虫の好物はカタツムリで，よくカタツムリに頭を突っ込んで光っているホタルの幼虫を見かけることがある。なお，ホタルの幼虫の発光の役割は，自分がまずい味や毒をもっていることの警告だとされている（➡第2章）。そうだとすると，カタツムリを捕らえて食べる天敵たちも，わざわざホタルの幼虫が頭を突っ込んでいるカタツムリを食べようとはしないはずだ。ヒカリマイマイの分布するシンガポールやマレーシアの森にもホタルは何種もいるから，その点に矛盾はない。幼体がよく光る理由は，ホタルは自分の大きさに合ったカタツムリを攻撃するので，ホタルが食べやすい小さめの個体が狙われるからかもしれない。ただし，ホタルがカタツムリを食べるのは幼虫のときだけだが，幼虫のときにリズミカルな点滅発光をするホタルはいない。私の仮説は，そこの辻褄がいまいち合わない。

発光カタツムリは他にもいた！

　冒頭で，ヒカリマイマイは「世界唯一の発光種であった」と書いた（書き直した）のには，実は理由がある。2023年，ヒカリマイマイとは別の発光するカタツムリがタイから5種見つかったのである[3]。一つは，ヒカリマイマイと同属の既知種 *Quantula weinkauffiana*。残る4種は *Quantula* 属に近い *Phuphania* 属の既知種。発光カタツムリは世界に1属1種ではなかった！

　タイでこれらを実際に目の前にしたときは，本当に驚いた——「確かに光ってる！」世界には，まだ知られていない発光生物がたくさんいることを改めて思い知らされた。

　なお，*Q. weinkauffiana* については，カンボジアで見つかった発光種が本種

コラム 3　光るカタツムリ

図2　タイで新しく発見された発光種 *Phuphania globosa*
　　　（撮影：水野雅玖）
発光写真と照明下での写真を重ね合わせている。

だとされたものの，後から「*Q. striata*（ヒカリマイマイ）の間違いだった」と訂正された過去がある。つまり，訂正する前の考えが正しかったのだ。発光のしかたはヒカリマイマイと同様で，口の近くが点滅する。

　ところが，新しく見つかった発光する属 *Phuphania* の発光は，発光のしかたがまったく違う。口の近くではなく，殻の入り口近くの肛門の周辺（外套膜の一部）と足（腹足）の縁が，点滅ではなく連続的に光るのである（◆図2）。では，この光にはどういう役割があるのだろうか。新しい発見が，また新たな謎をもたらしたようだ。　　　　　　　　　　　　　　　　　　　　　　〔大場裕一〕

第5章
発光ミミズのはなし

　「ミミズが光る」と聞くと，きっと多くの人は，世界のどこかで見つかった珍しい種の話だと思うに違いない。あるいは，もしミミズの体表面に見られる金属光沢を知っていれば，「あのキラキラのこと？」と誤解するかもしれないが，そうではない。それは，化学反応による光を放つ，真の意味での発光ミミズなのである。しかも，そのいくつかの種は，意外にも私たちの身近なところにもいる。嫌われがちなミミズであるが，それが光るさまを一度でも見たならば，誰もがその不思議な光景に「なぜ？」という科学的好奇心でこころが満たされるに違いない。本章では，これら発光ミミズの科学の世界を紹介しよう。

　ミミズは，ゴカイやヒルなどが含まれる環形動物門のなかの貧毛類に位置づけられている。世界のミミズ情報サイト DriloBASE によると，2024年現在ミミズは世界で23科398属5,300種以上が記載されているが，そのうち発光することが確かな種は5科17属21種と少ない[1]。なお，日本の陸生貧毛類は200種ほど記載されているが，発光種はムカシフトミミズ科のホタルミミズとフトミミズ科のイソミミズの2種のみである。

発光ミミズが観察された歴史

　発光ミミズに関するもっとも古い記録は，スウェーデンの医師・自然科学者ヘルマン・ニコラス・グリムによる1670年のインドからの報告であるとされる。グリムが見たのが本当にミミズだったかはその短い記述からは不明確だが，刺激すると発光する液を放出したという点はインドにも知られるランピトミミズ（後述）の特徴とよく一致する。

　発光ミミズがどこにでもいることがまだ知られていなかった古い時代には，意外な場所から偶然見つけたという報告が多い。チェコの動物学者フランティシェ

ク・ヴェイドフスキーは，1881年7月の夜に，肥溜めの山で青白い光の点を観察した（おそらくヨーロッパだが，詳細は不明）。発光していない箇所を取り除いてランタンを灯すと，そこには大量のミミズがいたという。そして，ミミズに触れた指には，おそらくミミズから分泌されたであろう発光粘液が付着していたそうだ。このミミズは論文中ではシマミミズ（*Allolobophora foetida* = *Eisenia fetida*）であるとされているが，これは釣り餌でよく売られている種であり，現在は発光しないことが確かめられているので，おそらく別のミミズの見間違いだろう。近縁な発光種の *Eisenia lucens* を見たのかもしれない。あるいは，実はシマミミズに発光能力をもつ特別な系統が存在するのかもしれない。

　ポーランドの動物学者スタニスワフ・スコヴロンは，クラクフ近郊の廃坑の地下230 mで，数百個体にも及ぶ大量のホタルミミズが発光するようすを観察したことを，1928年に報告している。

　ここからは，私がこれまでに観察してきた種を中心に，いくつかの代表的な発光ミミズをクローズアップして紹介しよう。

とても身近な存在，「ホタルミミズ」

　ホタルミミズ（*Microscolex phosphoreus*）は，体長30〜50 mmほどの小型のミミズで，日本を含め世界中に分布するコスモポリタン種である（◆図5.1）。日本では，生物学者の堀江秀光による1934年3月の神奈川県大磯での記録が最初で，その5年後の1939年11月には，福岡県の中学教師だった黒木茂が，夜間行軍中の道路上でホタルミミズの発光を観察している。ノーベル化学賞を受賞した生物

図5.1　ホタルミミズとその発光

発光学者の下村脩もまた，中学生の頃，夜間行軍中の暗闇の道に点々と光るものを見ており，あれはおそらくホタルミミズだったのだろうと回想している[2]。微生物学者の中村浩は，1941年4月下旬，静岡市駿府城跡で雨の夜に，黄緑色に発光した腐植土の地面を観察している。それはよく見るとミミズで，のちにホタルミミズと同定された。このミミズがいる地面を自転車で走ると，タイヤに光る液がおびただしく付着して，まるで「イルミネーションを施した花電車の如く」だったそうである。

　以上からもわかるように，ホタルミミズは，刺激により発光粘液を放出し，その発光色は黄緑色をしている。上記の時代にはたいへん珍しいものだと思われていたが，現在では，秋田県から鹿児島県までの花壇や宅地の庭，学校の校庭，大学の敷地内といった身近な場所にもふつうに生息していることがわかっている。これまでの記録を見ると，見つかった時期は11〜3月の冬季がとくに多く，「ホタルミミズは冬のミミズ」だと長らく考えられてきた。

　ところが最近，私たちは愛知県幸田町の落葉広葉樹林帯（標高339 m）で7〜9月の夏季を通してホタルミミズの成体がいることを発見した。これは胸躍る経験だった。「何か光るミミズのようなものがいる」と情報を受け，私たちが現地の林道に踏み込んだのは，2022年7月6日，昼間の蒸し暑さが過ぎ去った夜中の11時頃だった。林間のアスファルト上には湿った落ち葉が堆積しているため，これを足ですり分けながら真っ暗な地面を見つめる。すると，何か光った！　すぐさまその光の源を懐中電灯で照らすと，そこには見慣れた姿かたちをしたミミズがうごめいていた。念のため遺伝子解析をしてみると，間違いなくホタルミミズだった。この種が夏に見つかった報告がなかったわけではないが，それがきちんと確かめられたのはこれがはじめてである[3]。しかし，他の場所では夏に見つからないのはなぜだろう。何か私たちのまだ知らない秘密があるのかもしれない。

海浜に生息する「イソミミズ」

　イソミミズ（*Pontodrilus litoralis*）は，体長80〜100 mmほどで，この種もホタルミミズと同様に世界中に分布しているコスモポリタン種であるが，海岸の砂浜にいる点が変わっている（◆図5.2）。本種の発光に関するもっとも古い記録は，1936年10月の，2人の発光生物学者・羽根田弥太と神田左京による神奈川県横浜市富岡海岸での観察である。この種はもともと東京湾沿岸部では「マルポ

第 5 章　発光ミミズのはなし

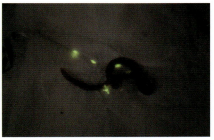

図 5.2　イソミミズとその発光

と呼称され，釣り餌として利用されていたが，それが光るという地元の釣り人の話をたまたま 2 人が実際に確かめに行ったところ，確かに発光していたというエピソードが残っている。世界中の海岸でごくふつうに見られる種なのに，昭和に入ってようやく日本で発光することがわかったというのは驚きだ。もっとも，本当は誰も報告をしなかっただけで，釣り人たちは昔からすでに知っていたのかもしれない。

　刺激をすると放出した粘液が黄緑色に発光することはホタルミミズと同じだが，光はやや弱い代わりに発光の持続時間は長い。主に自然海浜に堆積した海藻下 0 〜 30 cm ほどの深さで観察でき，海藻類や草本類，それに由来する有機物を摂食している。日本では沖縄諸島，九州から宮城県の松島まで広域分布している。ただし，日本海側の富山県より東では確認されていない。

東南アジアの発光ミミズ「ランピトミミズ」

　ランピトミミズ（仮称）（*Lampito mauritii*）は，体長 50 〜 150 mm ほどで，主に東南アジアに分布しており日本では確認されていない。刺激によって放出された粘液は，ホタルミミズやイソミミズとは異なる青緑色に発光する（✦ 図 5.3, ✦ 図 5.4）。刺激したときに放出される粘液量もかなり多く，粘り気が強い。

　この種は私が 2022 年にタイで研究留学していたときに，留学先のチュラロンコン大学の敷地内で偶然見つけている。タイからの本種の記録はそれまで 1939 年の 1 例しかなく，現地のミミズ研究者もあまり知らないミミズだったので，見つけたときは，さては未記載種ではないかと心が躍った。結局は既知種だったのだが，よく調べてみると，なんと発光することが 1925 年に報告されていた。疑

II　陸の発光生物

図 5.3　ランピトミミズ

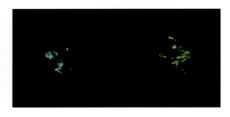

図 5.4　ランピトミミズとイソミミズの発光色　明らかに異なる色で発光している。刺激後に暗環境下で撮影された。

いつつも暗室で刺激してみたところ，本当に発光したので，このときは思わず歓喜の叫びをあげてしまった。

発光ミミズはまだまだいる

　アメリカ南部には，ムカシフトミミズ科の *Diplocardia longa* という種が生息しており（ここでは，「ディプロカルディア」と呼ぶ），刺激すると粘液が青色に発光する。中央～東ヨーロッパに見られるツリミミズ科の *E. lucens* も，ディプロカルディアと同じような青っぽい色で発光する。

　フランス固有種の *Avelona ligra* や，ロシアに分布するイトミミズ目ヒメミミズ科ハタケヒメミミズ属の *Fridericia heliota*，コブヒメミミズ属の *Henlea petushkovi* と *H. rodionovae* も青色に発光する。この 4 種は，粘液が発光する他のミミズとは異なり，体表面が発光する。コブヒメミミズ属の 2 種については，粘液も発光する。

図 5.5　オクトキータス（撮影：Mike Dickison）

　ニュージーランドの固有種で北島と南島に生息するフタツイミミズ科のオクトキータス *Octochaetus multiporus* は，体長 500 mm にもなり，刺激すると粘液が黄色に発光する（✦図 5.5）（➡コラム 1）。地中深くに棲むミミズは尾部の末端が膨らむ特徴があるが，この種も同様にこの膨らみがあり，実際この種は地中深くに棲んでいる。発光ミミズは表層に棲むものが多いが，発光の

役割にも何か違いがあるのだろうか．

発光のしくみ

　発光ミミズの光るしくみは，ディプロカルディアでとくによく研究されており，過酸化水素を必要とするルシフェリン-ルシフェラーゼ型の反応であることがわかっている．ルシフェリンの化学構造も決定されているが，ルシフェラーゼの実体はまだわかっていない．このルシフェリンは，ホタルミミズやイソミミズに対しても効果があるので，これら3種の発光メカニズムは基本的に共通だと考えられている．

　一方，*A. ligra* の発光には過酸化水素が関与せず，ATP が関与するとされ，他の発光ミミズと比べ明らかに異なる発光メカニズムの関与が想像されるが，詳しいことは未だ不明である．

　ヒメミミズ科のハタケヒメミミズ属の発光反応には ATP とマグネシウムイオンが関与することがわかっており，その点はホタルの発光反応とよく似ているが，当然ながらルシフェリンの化学構造はホタルとはまったく異なっている．ルシフェラーゼの実体はわかっていない．同じ科でもコブヒメミミズ属の発光反応には，カルシウムイオンが関与すること，また異なる発光メカニズムが使われていることがわかっている．

　以上のように，発光ミミズの発光反応は，系統的に離れた種であっても反応メカニズムに共通点があったりなかったりと，形質進化の観点からも興味深い．とはいえ，その詳細はルシフェラーゼの遺伝子を解明してみなければわからない．

発光の役割

　発光ミミズの光の役割は何だろうか．「土の中で光ることに意味があるのか？」とよく質問されるが，それなりの仮説はいくつかある．なかでももっともそれらしいと考えられているのが，「光の粘液で敵を怯ませる」という仮説である．

　一般にミミズは捕食者に襲われると粘液を出すが，これを嫌がる捕食者がいることから，ミミズはこの粘液を使って捕食者からの攻撃を免れていると考えられている．実際，発光ミミズにおいても，ケラやハサミムシなどを使った実験の結果，粘液のせいで捕食行動を止める場合があることがわかっている．

動画4 ホタル科幼虫が口元に付着した粘液を掃除するようす　　動画5 粘液によって身動きがとれなくなるホタル科の幼虫

　私も，タイ留学中，ランピトミミズの入った容器にオオムカデやホタル科の幼虫を入れてみたことがある。すると，大型のオオムカデは発光する粘液を放出するランピトミミズにお構いなく完食してしまったが（このミミズに毒はないようだ），小型のオオムカデはミミズに噛みついた後すぐに後ずさりし，粘液の付着した触角と顎肢をしきりにクリーニングするようすが観察された。ホタル科の幼虫の場合も同様で，ミミズから放出された粘液で捕食行動を止め，粘液が付着した口元を尾脚で熱心にクリーニングするようすが観察された（▶動画4）。また，別のホタル幼虫では，放出された粘液に全身を絡めとられ，行動不能となっているようすも観察された（▶動画5）。もしかすると，粘液と発光によって捕食者が怯んだ隙に逃げることで生存の確率を上げているのかもしれない。さらには，粘液の嫌な経験が光を見たことと結びついて連合学習として機能し（昆虫などでも連合学習の効果が知られている），発光ミミズへの攻撃を忌避する条件付けの強化となっている可能性がある。

未知の発光ミミズを考える

　日本を含め世界にはいろいろな発光ミミズがいることをおわかりいただけたと思う。しかし，発光が調べられたミミズの種数はごくわずかであるため，まだまだ新しい発光種がいるはずだと私は考えている。たとえば，日本のミミズのなかでアズマフトミミズ属（*Amynthas*）はとくに大きい種群であり，しかもこのなかまの多くが歩道や公園など身近な場所でも見られるが，最近，アズマフトミミズ属の一種が発光したという短い記述が北アメリカから報告されている。もしかすると，雨の後歩道で這い回っているミミズが微かな光を放っていないとも限らない。ただし，戦前戦中とは異なり，どこもかしこも外灯で照らされている今の日本でそれに気づくことがはたしてできるかどうかは疑問である。　　〔伊木思海〕

コラム4

光るトビムシの謎

トビムシってどんな生き物⁉

　トビムシは体長1mm前後の節足動物で，腹部にある跳躍器を用いてとび跳ねる。昆虫とは同じ六本脚であるが別の系統で，腹部に「腹管」という管状の器官をもつことが特徴である。森林土壌をはじめ，植木鉢の土，洞窟，潮間帯，南極などさまざまな陸地の環境にいる。もっとも古い化石は約4億年前のデボン紀から見つかっており[1]，昆虫よりもずっと古くから地球上にいる。世界で9,000種ほど知られるうち，数種が発光するといわれている（➡コラム1）。

光るトビムシの正体

　実は発光トビムシは正体そのものが長らく謎であった。発光トビムシは古くは1709年に出版された『大和本草』[2]（日本最初の本草学書）に登場するが（◆図1A），本当にトビムシなのかすら謎である。1800年代以降海外でトビムシが光るという報告がなされたが，種が未特定であったり，本当にトビムシが光ったのか不明であったり，不確かな記録が多い。佐野匡氏が日本で発見した赤いトビムシは，発光するようすが写真に収められ，トビムシ自身が光ることが確かめられた[3]が，分類が整理されていなかったために，数いる赤いトビムシのうちいったいどの種が光るのかはっきりしていなかった。そのなかで，私たちがトビムシ類の分類を整理し，以下の4種のトビムシが発光することを，2023年に解明し

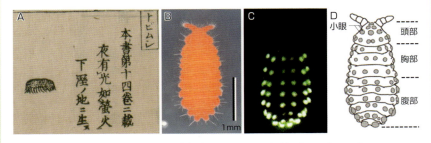

図1　謎の発光トビムシ（A）とザウテルアカイボトビムシ（B～D）

動画6　ザウテルアカイボトビムシが発光しているようす

た[4]。

　ザウテルアカイボトビムシ（*Lobella sauteri*）（✦ 図1B）は，大場裕一氏が *Lobella* sp. と報告したもの[5]である。東京都と神奈川県で見つかっており，都市部に残された林にも生息する身近な種である。一年中いつ捕まえても光る。

　ヤンバルイボトビムシ（*Lobella yambaru*）は沖縄県に生息している。ザウテルアカイボトビムシと同じアカイボトビムシ属（*Lobella*）で，そのなかでも両種には腹部4節の一番外側のイボに感覚毛があるという共通点がある。このことから両種が近縁で，ヤンバルイボトビムシも同じく発光種だろうと予測し，沖縄県に採集に出かけ，実際に観察してみたら，予想どおりこの種も光ることがわかった。このほかにも，腹部4節の一番外側のイボに感覚毛をもつ種が光ると睨んでいる[4]。

　アミメイボトビムシ属の一種（*Vitronura giselae*）は世界に広く分布し，国内では東京都と滋賀県から見つかっている。本種は上述の2種とは別系統（別の亜科）である。この属の種は，光らない種の代表として実験に用いられたこともあり[3]，筆者の大平の職場である多摩六都科学館の敷地内にいた本種が光ることを見つけたときは驚いた。この属には光らない種も含まれており，オレンジイボトビムシ（*Vitronura mandarina*）とチビアミメイボトビムシ（*Vitronura pygmaea*）は私たちが試したところでは光らなかった[4]。同じ属に光らない種が含まれるのは発光生物としてはまれなようだ。

　クニガミイボトビムシ（*Vitronura kunigamiensis*）は沖縄県に生息しており，ヤンバルイボトビムシと同じ林に見られる。本属の日本産既知種のすべてについて光るかどうか試すなかで，本種も発光性であることがわかった。

　これらの4種はいずれもイボトビムシ科のなかまで，背にイボがあり，体は赤い。ジャンプのための器官が退化していて跳べず，のそのそ歩く。落ち葉や朽ち木の下の湿ったところにいて，変形菌というスライム状の生き物を食べる。息を吹きかけたり，振動を与えたりして刺激すると，メスもオスもイボが数秒間緑色に光る（▶動画6，✦ 図1C）。そのようすはジブリ作品の『風の谷のナウシカ』に登場する王蟲（オーム）を彷彿とさせる。

発光の調査方法

　どの種が光ってどの種が光らないかを調べていくうえで，誰でも同じ条件で発光が確かめられる方法を決める必要があった。これまでの論文には，トビムシに軽い刺激を与えると光る，風を吹きつけると光ると書いてあった。それらを試してみようと考えたが，どんな方法が思い浮かぶかは人によってさまざまである。

　まず，思いついたのが，トビムシに直接触れて刺激する方法だ。筆の毛先を使い，トビムシの体を突いてみた。これは，やわらかいトビムシを潰してしまわないように加減するのが難しかった。次に，飼育容器ごと机に叩きつけ，トビムシに刺激を与える方法を思いついた。これはうまくいったが，こちらも容器の中に敷いている石膏が割れ，割れた隙間にトビムシが挟まれ，圧迫死してしまうことが度々あった。この他にトビムシに息を吹きかける方法も試したが，トビムシは光ったものの，小さなサイズのトビムシが息で吹き飛んで見失ってしまうということがしばしばあった。

　いろいろと頭を悩ませるなかで思いついたのが，音響装置（スピーカー）を用いた方法だ。音楽を流すときにスピーカー自体が震えるところに着目した。振動源には，その時期に自分がよく聴いていた曲のなかで，一番重低音が強い曲を選んだ。スピーカーの音量を最大にし，トビムシの容器をスピーカーの上に置くと，ある曲の途中でトビムシが光りだした。音楽とともに光るトビムシはとてもきれいで不思議な光景であった。しかし，この方法だと曲の一部でしか光らせられなかった。そこで，作曲用のアプリを使ってトビムシが光る特定の周波数を探し出した。最終的に，この音響装置を用いた方法と飼育容器を机に叩きつける方法の組み合わせで，誰でも再現可能な発光を確かめる手法を開発した。この光らせかたを考案したことで，発光する現象の解明に大きく貢献できたと考える。

光るトビムシの謎

　トビムシが光る理由は謎に包まれている。強い刺激を受けると光るだけでなく防御物質も出すことから，自身が防御物質をもつことを捕食者に警告するためとも推測される。しかし，土の中の生き物は目が見えないものも多いので，発光したところで捕食者への警告になるかは謎である。あるいは，他の個体が触れても光ることから（▶**動画6**），仲間同士のコミュニケーションに光を用いている可能性もある。しかし，仲間の発した光が見えるかは謎である。トビムシの小眼は最大で8対（計16個）であるのに対し，アカイボトビムシ属の小眼は3対にま

で退化している（◆図1D）。アミメイボトビムシ属の小眼は2対にまで退化しているうえに黒い色素すらない。

　また，なぜイボが光るかも謎である。そもそもイボの機能がわかっていない。イボがあっても光らない種もいる[4]。発光器として進化してきたイボが光らなくなったのだろうか？　あるいは，もともと別の機能をもつイボが発光器になって光る種が現れたのだろうか？　光る種でも，頭部や眼のイボは光っているようには見えない（◆図1C，D）。同じ種でも部位によってイボの機能が違うのだろうか？　眼のイボまで光ると，まぶしくて自身の目が眩むからだろうか？

　トビムシは，私たちのすぐ足元にいて，ある種は光る。トビムシの光る理由は，まだわかっていない。身近な生き物でも，意外と知られていないことが多い。発光トビムシは謎だらけである。

〔大平敦子・中森泰三〕

第6章
ホタルのはなし
―日本編―

日本には約50種のホタルがいる！

「ホタル」というと，皆さんはどのようなイメージをもたれているだろうか？
　たぶん，清らかな水辺に生息し，舞い飛びながらゆっくりと光り，体は黒色と赤色（またはピンク色）のカラーリングをしていて，夏（初夏）の短い期間だけしか見られないというイメージではないだろうか？
　それらは，ゲンジボタル（◆図6.1，◆図6.2）というもっとも身近でありながらとても「変わった」ホタルのイメージを皆さんが刷り込まれているためであり，実は，日本に分布する約50種のホタル（ここでは，ホタル科とオオメボタル科の甲虫のことを広く「ホタル」と称する）にはほとんどが当てはまらない。では，どう当てはまらないのか，具体的に一つずつ説明していくことにしよう。
　まず，日本に分布するホタルのうち，ゲンジボタルのように幼虫が水生のホタルは他にヘイケボタルとクメジマボタルの2種しかない。他の大部分のホタルの幼虫は落ち葉の下や朽ち木の中などにいて陸生である（ただし，スジグロボタルは，陸生ではあるが淡水貝類を捕食するときだけ水中に入るとされる）。
　つまり，一般的にホタルというのは幼虫が陸生で林や草原に生息していて，水辺に暮らしているわけではないのである。
　また，ホタルはどの種も卵→幼

図6.1　ゲンジボタル

図6.2 ゲンジボタルの集団同時明滅（山口県下関市豊田町粟野川）（撮影：勢戸研二）

虫→蛹(さなぎ)→成虫と成長する。そして，どの種も卵→幼虫→蛹は光るが，国内にいるホタルの半分以上の種が，成虫になると光らないのである。成虫が光らないホタルは，光ではなく匂い（性フェロモン）を使って雌雄が出会う。そのため，発光器が退化している一方で，匂いを受けるために大きな触角をもっている。とくに，メスが出す匂いを受けるためにオスの触角は大きい。匂いだったら夜に活動してもよさそうなものだが，これらのホタルは主に昼に活動する（➡第7章）。

体色もまた全身が黒色で前胸（3節からなる昆虫の胸部の一番前の節）が赤っぽいカラーリングをしているのはせいぜい10種くらいで，全身黒色や茶色のホタルが多い。南西諸島などにいるクロイワボタルやオキナワスジボタルのように全身は黒色だが前胸がオレンジ色であったり，キイロスジボタルのように全身黄色であったり，オキナワアカミナミボタル（✦図6.3）のように全身赤色であったりする派手な色彩の種もいる。

ついでに，体の形にしても，メスの成虫がいわゆる「成虫の姿（オスと同じような姿）」をしていないホタルも多い。ゲンジボタルは河川という流水環境に生息していて，幼虫が流下してしまうためメスは個体群の位置を維持するためにも河川を遡上してなるべく上流側に産卵しなければならない。そのため，メスは飛ぶことができる翅をもっているので，雌雄ともに同じような姿をしている。しかし，陸生のホタルの多くの種はメスの翅が退化

図6.3 オキナワアカミナミボタル（撮影：後藤好正）

第6章 ホタルのはなし―日本編―

している。たとえば，ヒメボタルは上翅（前翅または鞘翅）はあるが下翅（後翅）が退化している。また，マドボタルのなかま（マドボタル亜科）（◆図6.4）のように下翅が退化し上翅も痕跡程度しか残っていない種もいる。さらに，ヒゲボタルのなかま（ヒゲボタル亜科）（◆図6.5）やイリオモテボタル（オオメボタル科）（➡コラム6）のようにメスが幼虫のような姿の種もいて，雌雄でまったく違った姿をしているのである。

成虫の発生時期についても，「夏（初夏）」の「短い期間」だけしか見られないと思われることが多い。ゲンジボタルは，私がいる山口県ではだいたい5月下旬〜6月中旬に成虫が発生する。全国的にみると5月上旬〜7月下旬くらいのあいだであるが[1]，1つの個体群の発生期間はせいぜい10日程度である。そのため，一年のあいだで夏（初夏）の短い期間（10日間くらい）しか見られないと思われるのは当然のことである。

ただ，長崎県対馬にいるアキマドボタルはその名のとおり秋（10月頃）に成虫が発生するし，西表島や石垣島にいるヤエヤママドボタルやイリオモテボタルはクリスマス頃〜お正月くらいのあいだに発生する。宮古島にいるミヤコマドボタルや南西諸島に広く分布するキイロスジボタルに至っては，一年中成虫が発生する。また，ヘイケボタルは初夏に発生した後，秋頃に再び発生することもある。

どうだろう？ 少しはゲンジボタルで作られたイメージから解放されただろうか？ 日本にいるホタルだけでもこれだけ多様な生態や形態をしているのである。

図6.4 アキマドボタルの交尾（撮影：後藤好正）
下にいる翅が退化したのがメスの成虫で，上（左上）にいるのがオスの成虫。

図6.5 シブイロヒゲボタルの交尾（撮影：後藤好正）
下にいる幼虫のようなのがメスの成虫で，まわりにいるのがオスの成虫。

古から愛されるゲンジボタル

　ただ，ここまでゲンジボタルのことを変なイメージを刷り込ませた悪者のように書いてしまったが，このホタルの存在がどれだけすごいのかを少し説明しておかないといけない。

　ゲンジボタルは本州，四国および九州に分布する日本固有種であり，日本人にもっとも愛された昆虫といっても過言ではない。日本人が夏の風物として意識するようになったのは平安時代中頃からで，清少納言の『枕草子』や紫式部の『源氏物語』などからうかがうことができる。また，江戸時代には貴賤，老若男女を問わずホタルが観賞され，「蛍狩り」や「蛍見」の言葉が生まれた[2]。そして現在に至るまでずっと，愛され続けている。

　そのため，国や県，市町村において天然記念物や保護種に指定され，多くの生息地が保護地域となっており，保護するための条例をもつ市町村も多数存在する[3]（➡第7章）。さらに，このホタルは「ホタル祭り」に代表される数々の文化も生んだ。

　では，なぜここまで愛されるのか？

　その理由はいくつも考えられるが，その一つに「光の強さ」が挙げられると思う。私はホタルの光を動画で撮影して，それを解析する研究をしているのだが，動画を解析しているとこのホタルの光がいかに強いのかがよくわかる。他のホタルでは光が弱くて解析できないことが多いが，このホタルは遠くにいるところを撮影しても解析できるほど光が強いのである。

　また，「光りかた」も理由の一つに入れてもよいように思う。ホタルの光りかたは，ヒメボタルのように「パッパッパッ」と速く機械的な点滅をするか，イリオモテボタルのように持続的に光り続けるのが一般的であり，これらのホタルは他のパターンの光りかたができない。しかし，ゲンジボタルは「パァ〜パァ〜」とゆっくり明滅する。この光りかたは人を癒す効果があるともいわれる（私は癒される）。さらにゲンジボタルは，このパターン以外にも多種多様なパターンを自在に出すことができるのである。

　光りかたに関連することでは，「集団同時明滅する（▶**動画7**）」ことも忘れてはいけない。オス同士が明滅をシンクロするのであるが，それを飛びながら集団で行う。このとき，大集団が光のウェーブを起こすのだが，そのさまは実に壮大

動画 7　ゲンジボタルの集団同時明滅　　　　動画 8　ゲンジボタルの集団同時明滅ウェーブ

でありエンターテインメント感がある（▶動画 8）。

　ほかにも，「害虫ではない」「発生期間が短い」「活動時間が日没直後から開始する」「生息地が人の居住地に比較的近い（中流域）」「清流に生息している」「集団で発生する」など，理由を挙げると枚挙に暇がない。

　そして，最後にもう一つ。体色が全身黒色を主体としながらも，日本人が好きな桜色（ピンク色）を差し色でいれてくるあたり，なんとも憎い。ここまで魅力的だと，そりゃ～愛されるよ。

ホタルの発光コミュニケーション

　成虫が光を配偶行動の一環としてコミュニケーションに使う種は，日本に産する約 50 種のうち 10 数種しかいない[4]。そのなかのいくつかの種の発光コミュニケーションをタイプ別に簡単に紹介してみよう。

　ヒメボタルやヤエヤマヒメボタルなどの閃光的な光りかたをするホタルは，メスが特有のパターンの光りかたをしてオスが誘引される。その後，雌雄間で緻密な応答発光を繰り返して交尾に至る（▶動画 9，▶動画 10）。

　また，キイロスジボタルはオスが飛翔発光しながらメスの近くに来るとメスが強く 1 回光を放ち，それを認識したオスはチラチラした光に変化させながらメスの近くをホバリングする。そして，メスが再び応答するように強く 1 回の光を放つとメスの近くにオスが降り立ち，近づき交尾に至る（▶動画 11）。

　さらに，ヘイケボタルはメスが強いフラッシュ光を繰り返し放ち（未交尾メスの特有の発光パターン），オスがその光に誘引されてメスの近くに降り立つ。するとメスは強いフラッシュ光をやめて弱い光を放つ。オスは弱く光るメスの光を目印に近づき交尾に至る（▶動画 12）（➡第 3 章）。

動画 9　ヒメボタルの配偶行動　　　　動画 10　ヤエヤマヒメボタルの配偶行動

動画 11　キイロスジボタルの配偶行動　　　動画 12　ヘイケボタルの配偶行動

　イリオモテボタルはメスが持続的な光を放っているとその光にオスが誘引されて交尾に至る。ただし，オスは光らないので，光の会話のようなものはない（➡コラム 6）。

　いずれの種もメスは，飛んでいるオスに対して腹部を曲げるなどして，発光器が見えるように上に向けている。

　私はこれまで，国内にいる光を雌雄間のコミュニケーションに使うホタルの光のやり取りは，一通りの種を観察した。その際は必ず「交尾」を確認するようにしている。なぜなら，交尾を確認しないといくら雌雄間で発光コミュニケーションをしていても，それが本当に配偶行動の一環のコミュニケーションであったのかわからないからである。ただ，暗闇の中，ホタルが交尾しているかどうかを地面に這いつくばって観察しているさまは，客観的に見るとなんとも滑稽な姿であろうと自分でも思う。

　発光コミュニケーションを紹介した前述のホタルは，どれも未交尾のメスを見つけることはそれほど難しくなく，メスを観察していればオスがやって来ることも多いので，交尾まで観察するのにそれほど苦労はない。しかし，ゲンジボタルだけは一筋縄ではいかなかった。

ゲンジボタルの発光コミュニケーション

　ゲンジボタルのメスは，土の中から羽化して出てくると，河川の土手などの地面近くの草にとまり日没前から光りはじめる。メスの発光パターンや光の色・強さはオスと同じで区別することはできないが，オスはメスの光を認識して接近し，メスにマウントした後交尾に至る（▶動画 13）。その際に，雌雄間での応答発光がある場合もあるし，まったくない場合もある（基本的にはない）。

動画 13　ゲンジボタルの配偶行動

　さて，このように結論だけを書けば，なんてことないのであるが，いくつか補足しておかないといけないことがある。

第6章　ホタルのはなし―日本編―

　まず,「メスの発光パターンや光の色・強さはオスと同じで区別することはできない」という点である。ヒメボタルやヘイケボタルは未交尾のメスが特有の光りかたをするので,オスがメスを光だけで認識するのは難しくないようにみえる。しかし,ゲンジボタルのメスの発光パターンには,「未交尾」の「メス」の「特有さ」がないのである。

　さらに,未交尾のメスがいるのが「河川の土手」という点である。陸生のホタルの場合,メスの成虫に翅がない場合が多く,移動性が低いため未交尾のメスがいるところは幼虫が多く生息する場所（羽化した場所）付近であるし,水生のヘイケボタルの場合は小水路や水田などの限られた場所である。しかし,それらと比べて「河川の土手」がいかに広大であるか,想像できるだろう。想像を補足するために,私が調査しているゲンジボタルが生息している河川を説明しておくと,川幅は約12 mで生息範囲は数kmに及ぶ。そして,河畔林や護岸など多様で複雑な土手が続き,そんな空間に未交尾のメスは密集しているわけではなく,まばらにしか見られないのである。そんななかからオスは羽化直後の未交尾のメスを探さないといけないのである（観察する私もであるが）。ではどうやってゲンジボタルはこれらの問題を解決しているのだろうか？

　その答えについて,私の考えはこうである――ゲンジボタルは,①同所的に生息する近縁種がいない,②未交尾メスが定位する場所と位置を,オスと既交尾メス,産卵後のメスと違えている,③発生時期と活動時間を限定して個体群を「時間的に集中」させている,④集団を形成することにより幼虫期に分散した個体群を「空間的に集中」させている,という特殊な生態をもつことで,このいい加減とも無謀ともいえる状況下での雌雄間のコミュニケーションを補完しているのではないか。

　つまり,特殊な環境に生息しているため,似た発光パターンを示す近縁種がおらず,他種との競合がないので「種」の認識を伴う発光コミュニケーションは不要であった（光の強さや色,発光パターンのみで他種と区別できる）と考えられる。

　交尾または産卵が終わったメスは水辺から離れるので,未交尾のメスがいる場所（水辺の土手など）と位置（地面近く）を限定でき,「性」を示す発光コミュニケーションも重要ではなかった。実際,産卵が終わったメスも活発に発光するが,水辺から離れたところにいて,そのようなメスに対してオスは近くを通っても関心を示すことはないが,未交尾のメスがいる場所や位置にオスがいると,（光

だけでは区別できないので）メスと間違えて接近して，マウントまでするオスがよくいるのである．

さらに，河川という流水環境では幼虫はどうしても分散してしまう．そこで，成虫の発生時期と活動時間を集中して，加えて繁殖のための集団を形成しているように思われる．実際，ゲンジボタルの成虫は河川内に一様に分布するのではなく，集団を形成する．集団を形成するのに，「集団同時明滅」が重要な役割を担っていると思われる．この行動は，私が調査している山口県の生息地では日没後のおよそ20時半〜21時半のあいだに1回目が見られ，明け方近くの2時半〜3時頃のあいだに2回目が見られる．昼間は木々の葉の裏にとまって動かないので，2回目の集団同時明滅は次の日のための集団を形成しているのかもしれない．

私には集団同時明滅という行動が，河川という広大な環境の中で仲間を集めるための「のろし」を上げているように見えるのである．

ゲンジボタルの成虫の生存日数の平均は，野外での調査でオス3.3日，メス5.7日と報告されている[5]．このわずかな期間に配偶相手を見つけて交尾しなければならない彼らは，他のホタルがもちえないさまざまな「変わった」生態と形態を手にした．

そんな多彩で異彩で，魅力的なホタルを身近に見られるのだから，なんとも贅沢である．

〔川野敬介〕

第7章

世界のホタル
―その多様性と保全のこと―

　ホタル（甲虫目ホタル科）のことを,「地球上でもっともカリスマ性をもった無脊椎動物」と呼んだとしても,おそらくそれは大きな間違いにはならないだろう（◆図7.1）。英語で,ファイヤーフライ（炎の虫＝螢）。優しく美しいその光は,古くは詩歌や芸術,そして最近ではフォトジェニックなデジタル写真の被写体として,広く世界中から愛されてきた。さらには,民話からツーリズムまで,これほどまでに幅広い領域で主役の地位を果たしている昆虫は他にはあるまい。

　さらに,近年の生命科学は,ホタルの光の謎を次々に解明し,それが「役に立つ」ものであることを明らかにしてきた。ホタルのルシフェラーゼは,人類が最初に見つけた「光を触媒する酵素」であり,その発見はただちに便利な「光るツール」として基礎生物学や薬理学,基礎医学の分野に組み込まれた。

　しかし,このようなホタルの人気と有用性にもかかわらず,この愛すべき昆虫

図7.1　*Abscondita*属のホタル（撮影：スリラム・ムライ）
動物界で行われる求愛行動のうちもっとも魅惑的なものの一つこそ,ホタルが織りなす光の競演に他ならない。インド南部のアナマライ・タイガー保護区にて。

は，現在，人間の活動のせいで世界中からその生息場所を失いつつある[1]。

ホタルの多様性

　世界には，2,200種を超えるホタルが南極を除くすべての大陸から見つかっている。それらの種が暮らす生息地も，森，草原，砂漠，湿地，さらに海との境目あたりまでと，多種多様である。とりわけ，獰猛な捕食者として過ごす比較的長い幼虫時代には，種によるライフスタイルの多様さが際立っている。

　世界の大部分のホタルは陸生で，幼虫は地上でミミズやナメクジやカタツムリを食べて暮らしているが，アジアのいくつかの種は水生で，水中の巻貝などを捕食している。水中への適応の程度に応じて幼虫の姿が異なり，たとえば日本のゲンジボタルやヘイケボタルの幼虫は水底で暮らすため，体側には突出したエラが並んだ姿をしているが，同じ水生でも，いわゆる「バックスイマー」と呼ばれる水面近くを背泳ぎする幼虫は，(酸素の豊富な水面近くで暮らすため)エラをもっていない。一方，水に出入りするような半水生の種は，幼虫にエラがないが，餌を捕るときには水に潜る。このタイプのホタルには，海辺に暮らす種もいて，それらはなんと海水中でも生きられる。

　最近の研究によると，ホタルは今から1億3000万〜1億年前くらいの白亜紀中期に地球上に現れたとされている。最初の祖先ホタルは，幼虫期には光るが成虫期になると発光しなくなる「ダーク型」だったと考えられる。というのも，現在知られているホタルの種はすべて，成虫になると発光しない種も幼虫期には必ず発光するからである。

　ホタルの幼虫の発光の役割は，自己防御であると考えられている。なぜなら，ホタルの幼虫は鳥や哺乳類にとって，まずくてときには毒がある，できれば食べたくない昆虫だから(➡第2章)。まさしく，毒をもった昼行性の昆虫が派手な色彩で警告をしているのと同様に，暗闇の中で光ることで「食べるな危険」をアピールしているのである。

　では，この祖先ホタルは，成虫のときどうやって雌雄でコミュニケーションしていたのだろう。それは，おそらくフェロモンを使っていたに違いない。というのも，現生の「ダーク型」ホタル，たとえば日本のオバボタルなどは，メスが空気中にフェロモンを放出して風下にいるオスを誘引しているからである(✦図7.2A)。そこからおそらく，長い進化の過程のなかで，成虫になっても光るもの

第 7 章 世界のホタル―その多様性と保全のこと― 75

図 7.2 ホタルの求愛行動の多様性
A：日本のオバボタルは昼行性で，発光しないが（ダーク型），その代わりにフェロモンを使って雌雄コミュニケーションを行っている（撮影：川野敬介）。B：日本のヤエヤママドボタルのメスは，翅がないため飛翔できないグローワーム型のホタルである（撮影：川野敬介）。C：日本のヒメボタルは，典型的な「フラッシュ型」のホタル（撮影：平松恒明）。D：草にとまって光をアピールする *Photinus* 属のメス（撮影：ラディム・シュライバー）。E：*Photinus* 属のペア（撮影：サラ・ルイス）。光の応答ののち交尾に至る。

が現れ，さらにその光を雌雄コミュニケーションに使う種が出現したのだろう。さらに，光りかたも弱く光りっぱなしのもの（「グローワーム型」）から，強力で素早く点滅する「フラッシュ型」のホタルが出現した，という進化のシナリオが考えられる（訳注：紛らわしいがツノキノコバエ科の通称「グローワーム」とは無関係）。

「グローワーム型」のホタルは現在も多く，世界の約 25％の種はこのタイプになる。これらのホタルは，メス成虫に翅がなく（それゆえ「ワーム」と呼ばれる），連続した光を放ちながら草むらでオスを誘引する。この種のメス成虫はたいてい，オス成虫よりかなり大きい。たとえば，日本のヤエヤママドボタル（➡第 6 章）もこのグローワーム型で，メスはフェロモンと光の両方を使って，飛んでいるオスを誘引している（✦図 7.2B）。同様に，ヨーロッパやイギリスでもっともふつうに見られるホタル Lampyris noctiluca も，やはりグローワーム型であるから，西欧の人にとってホタルとは，飛ばない「ワーム」のイメージなのである。

一方，日本やアメリカでは，ホタルといえば，ピカピカと点滅する姿を思い浮かべるのがふつうであろう。日本ではゲンジボタル，ヘイケボタル，ヒメボタル（➡第 6 章）（✦図 7.2C）が，アメリカでもこの「フラッシュ型」タイプの種が多い（✦図 7.2D，E）。さらに，これらフラッシュ型の種のいくつかは，何百何千という個体が一斉に点滅を繰り返す「集団同時明滅」を行う。ただし，なぜ同時に明滅するのか，その役割については未だ謎に包まれたままである。

「フラッシュ型」ホタルの変わり種は，アメリカ大陸にのみ知られる Photuris 属である。これらのホタルは，なんと，別の種のホタルのメスの発光パターンを真似て光り，誘引されてきたオスのホタルを食べてしまう。そのため，人々はこのホタルのことを「魔性の女（ファム・ファタール）」と呼んでいる。

脅かされるホタルのくらし

ホタルと人間は長いあいだともに暮らしてきた。おそらく原初の人類も，畏れを抱きつつこの「静かな点滅（サイレントスパーク）」を眺めていたに違いない。日本においては古来から初夏を告げる風物としてホタルが愛でられてきたが，このことは世界でもつとに有名である。子どもたちがホタルブクロの膨らんだ花の中にホタルをそっと導いて小さなランタンを作って遊んだ，という話はなんともロマンティックなものである。アメリカでも，子どもたちは，裏庭や公園の草む

第7章　世界のホタル―その多様性と保全のこと―

らにホタルを追いかけ，捕まえたホタルをガラス瓶に入れて，ベッドの横に置いて眠るのを毎年の初夏の楽しみにしている。

ところで，保全生態学者のあいだでよく知られている「ベースラインシフト症候群」というのをご存知だろうか。人は自分たちの世代で起こっていることを基準（ベースライン）とみなし，それ以前がどうだったのかを忘れがちである。そのため，現状の自然環境を「これでよい」と思い込み，いつの間にか徐々に破壊が進んでいることを見落としてしまう。私たち人間は，この悲しきベースラインシフト症候群のために，今やらねばならないアクションがいつも遅れてしまうのである。そして，それはホタルの保全も同じである。100年以上前の作家ラフカディオ・ハーンが日本のホタルについて，エッセイにこう書いている。

> 日本には蛍の名所がたくさんある。人びとは夏になると，蛍を見るためだけにそうした場所へ出かけていく。大昔，蛍の名所としてとりわけ名高かったのは，琵琶湖のほとりの石山というところにほど近い小さな谷であった。この地はいまでも「蛍谷（ほたるだに）」と呼ばれている。蒸し暑い季節にこの谷を群をなして飛ぶ蛍は，元禄時代（1688-1704年）までは，日本における自然の驚異のひとつに数えられていた。今日でも蛍谷の蛍はその規模の大きさで有名であるが，昔の作者が書き残しているほどの蛍の大群は，近年ではもはや見られなくなってしまった。　　　（『虫の音楽家 小泉八雲コレクション』[2]より）

そして現在，世界中のホタル学者たちも，100年前にハーンが日本で気づいたことと同じ事態が自分たちのところでも起きていることをようやく理解しはじめた。気がつけば，あんなにたくさんいたはずの身近なホタルがすっかり見かけなくなっていたのである。

しかし，なぜホタルがあちこちで減ってきたのだろう。それを理解するには，ホタルを種ごとに区別して，その生態と行動を理解し，その種がどれだけ危機的な状況に直面しているのかを正確に把握する必要がある[3]。

ホタルが減ったもっとも深刻な第一の理由は明らかだ。ハビタット（生息場所）の消失である。幼虫がすくすくと成長でき，成虫が繁殖行動を行えるハビタットは，どこもかしこも農地になり，工場が建てられ，都市化が進み，ホタルが棲めない場所になった。

とりわけ，水生のホタルがいる日本では，水質汚染と河川の護岸工事がその原因であることが早くから認識され，ゲンジボタルの棲むいくつかのハビタットは，国の天然記念物に指定され保護されている（➡第6章）。沖縄県久米島の固有種

クメジマボタルは，日本のレッドリストに登録され，環境省はこれを絶滅危惧種に指定している．なお，クメジマボタルの減少は，サトウキビ農園の拡大による河川の水質悪化が原因であるとされる．

一方，マレーシアでは集団同時明滅する *Pteroptyx* 属のホタルが貴重な観光資源になっているが，そのハビタットである川辺のマングローブ林は，近年の農地化とエビ養殖場の建設により破壊され，ホタルが減少している．

ヨーロッパのグローワームは，とりわけハビタットの破壊に敏感だ．なぜなら，メスが飛翔できないせいで，破壊を受けた場所から新しいハビタットへとすみやかに逃げることができないのだ．

ホタルが減ってきた第二の理由は「光害(ひかりがい)」である．光害とは，人工照明により夜の環境が明るくなったせいで起こる問題のこと．この数十年で地球上の人工照明は爆発的に増加し，そのせいで光を使ったホタルたちのコミュニケーションが妨げられているのだ．とりわけその影響は，薄暮に活動する種よりも深夜に活動する種において深刻である（彼らの本来の生息環境は真っ暗なのだから）．最近の研究によると，比較的弱い照明であってもホタルは影響を受けており，相手を見つける成功率が下がってしまうことが確かめられている[4]．

ホタルが減少している第三の理由が，殺虫剤の使いすぎだ．殺虫剤の多くは，害虫も殺すがそれ以外の昆虫を殺してしまう．アメリカでは，ネオニコチノイド系の殺虫剤が農場からガーデニングまで広く使用されているが，これらは環境中に数か月から数年にわたって残留する．どんな種類の殺虫剤がホタルに影響するのかという研究はほとんど行われていないが，ヘイケボタルにおいては，広く使われている殺虫剤（ネオニコチノイド系のチアメトキサム，有機リン系のアセフェート，フェンチオン，ダイアジノン，その他）が，幼虫に対しても成虫に対しても毒性を示すことが報告されている．また，北アメリカ産のホタル2種に対するテストの結果，ネオニコチノイド系のクロチアニジンは，高濃度の土壌において幼虫を殺し，低濃度においても幼虫が動けなくなったり餌を食べなくなったりすることが観察されている．ホタルに対する各種殺虫剤の影響については，さらなる研究が必要である．

ホタルツーリズムには，よい面と悪い面がある．ご存知のとおり，ホタルを観賞する文化は日本では長い歴史をもつが，最近になって，世界のさまざまな国でもこの文化活動がポピュラーになってきている．世界各地のホタル研究者にアンケートを呼びかけたところ，少なくとも12の国で，1年間におよそ100万人の

人がホタル観賞に出かけていることがわかった[5]。なかでも，東南アジアの *Pteroptyx* 属，北アメリカの *Photinus carolinus*，メキシコの *Photinus paraciosi* は，その見事な同時明滅で人気が高い。

　こうしたツーリズムは経済的効果を生む一方で，人が入ることによる光害の影響は無視できない。環境破壊も当然ながら起こってしまう。タイのいくつかのハビタットでは，*Pteroptyx* の観賞ツアーのために用意された高速モーターボートのせいで，ホタルの生息に大切なマングローブの岸辺がボート置き場になって荒らされてしまっている。

　そこで私たちは，ホタルが守られ，しかもツアー客も楽しめて経済効果も上がるようなホタルツアーのためのガイドラインを定めた[5]。このガイドラインがきちんと守られるならば，人々のホタルへの関心が高まって経済効果も生み出すホタルツーリズムは，決して敵視すべきものではないはずだ。

　一方，販売目的で大量のホタルを獲るなどというのは，明らかに敵視すべき対象である。日本では19世紀後半〜20世紀前半，ゲンジボタルを集めて販売することがふつうに行われていた。アメリカでも，20世紀後半には，発光物質（ルシフェラーゼ）を抽出して販売するために数億匹のホタルが捕獲された。また，中国では近年，野生のホタルをオンライン販売する業者が現れて問題になっている。これらのホタルは，ロマンティックな贈り物，あるいは自然系テーマパークなどで使われるという。それでも幸いなことに，こうしたホタルの商業捕獲の量は世界的にみればかなり減ってきている。

ホタル保全のためのアクションの今後

　国際自然保護連合によるレッドリストは，保全活動のゴールドスタンダードとして世界に認められているが，完全なものではない。たとえば，鳥類と哺乳類についてはそのほぼ全種がリスト内容の検討を受けているのに対し，昆虫類はまったくの検討不足であり，2,200種もいるホタルは最近までその中に一種もリストされていなかった。そこで，2018年，ホタルの保全に関わる世界中の識者が結集して，国際自然保護連合の中にホタル専門家委員会を発足させた。この委員会のゴールは，世界のホタルのレッドリストを確立することと，絶滅が危惧される種の保全に尽力することである。2020年には，さっそくアメリカとカナダのホタル約140種のうち，絶滅の危険性が高い種を選定し，それぞれの種について，

その分布，生息環境，生活史，行動，そして絶滅危険度の情報を集めたリストが完成した[6]（このリストには国際自然保護連合のウェブサイト[7]からアクセスできる）。その結果，北アメリカとカナダのホタルのうち，その約 1/3 の種は「低危険種（Least Concern）」と判定されたが，18 種は「絶滅のおそれのある種（Threatened）」に定められた。すなわち，何も行動をしなければ，これらの種は絶滅するかもしれないのである。このレッドリストを受けて，アメリカの動物福祉研究所（The Animal Welfare Institute, AWI）が発行する絶滅危惧種リストにもホタルが登録される方向で検討がなされているが，今のところアメリカでは，日本のようにホタルのハビタットを保護する条例が定められていない。

それでも，私たちの活動は，ずいぶんと前進した！　上記の活動に加え，ホタル国際ネットワーク（Fireflyers International Network, FIN）は定期的にホタル研究者が集う国際会議を開催し，情報の集積に努めている。もちろん，ホタルにはまだまだわかっていないことがたくさんある。しかし，私たちは今，世界中でホタルを守るアクションを開始しなければならないことを理解したのである。

世界のホタルを守る一番よいモデルケースは，日本でいち早く行われたゲンジボタルの保全活動に他ならない。20 世紀はじめ，日本では，工場や農業排水による河川の水質悪化，および氾濫を防ぐために作られたコンクリート護岸のために，ゲンジボタルが減少した（川を三面張りにしてしまうと，幼虫が蛹化のために上陸することができなくなり，また，たとえ上陸できたとしても，湿った土手がないと蛹化することができないのである）。そこで，1970 年代になると，日本の多くの地方コミュニティが，ホタルのために川の清掃や川の構造を作り変える活動を始めた。多くの熱心な市民や子どもたちが力を合わせ，その結果，たくさんの場所でゲンジボタルが蘇ったのである。私は，守山（滋賀県守山市）のゲンジボタルを見に行ったことがある。そのとき，子どもを含めた多くのシチズンサイエンティスト（科学的な調査や研究を行う，職業科学者ではない一般市民）が，流域ごとの飛翔個体数データを集めている熱心なようすに心を打たれた。おそらく，ホタルの生活史に関する知識は，アメリカの大人よりも日本の子どもたちのほうが上であろう！

「自然は自力でなんとかうまくやっていくものだ」と信じている人もいる。しかし，人類が自然の奥深くにまで介入するようになった「人新世」の時代においては，人間のペースに追いつけない生物は絶滅する運命にある。私には，ホタルがいない世界を想像することはできない。ホタルの放つ「サイレントスパーク」は，

自然を愛する気持ちをつなぐ希望の光である．だから私は，地球の未来のために，この自然環境のアンバサダーであるホタルを日本の皆さんとともに守り続けていきたいと願うのである．

〔サラ・ルイス 著，大場裕一 訳〕

コラム 5

発光生物学の歴史―過去より受け継がれる魅惑の光―

　闇夜を照らす数々の生物の光は古代より語り継がれている。19世紀に白熱電球が発明されるまで，人類にとって扱うことのできた光は炎だけで，生物によって作り出される冷光は火事の心配がなく，さぞかし魅力的な存在であっただろう。

　かのアリストテレスはきのこやホタルの発光を観察し，雷の正体が電気であることを突き止めたベンジャミン・フランクリンも光る海（渦鞭毛藻による発光）について記述している。こういった初期の観察者による記録は，生物が作り出す不思議な光に対する純粋な興味や好奇心による結果である。今では誇張や誤りとしか考えられないような報告も数多く存在するが，当時の観察や報告が紡がれ，発光生物学の礎になったことも事実である。

　これから紹介する人物以外にも，発光生物の研究において偉大な発見をした人物は数多く存在するが，ここでは発光生物研究に人生を捧げ，学問として確立することに大きく貢献した，とくに重要な4人のパイオニアについて紹介する。

ラファエル・デュボア（1849-1929）

　1885年は発光生物学の夜明けとして記憶される大発見があった。麻酔学者としての顔ももつラファエル・デュボア（◆図1）は，生物の光が酵素基質反応によって生じていることを明らかにした。これを皮切りに，生物発光が科学の対象として研究されることになった。彼なしでは，以下の3人や現在の研究者の活躍もなかっただろうから，もっとも重要な人物で発光生物学の祖ともいえる（デュボアはフランス人なので，発光生物学はフランス発祥なのだ！）。

　とびきり優秀なデュボアは，14歳で理学学士を取得し，26（27？）歳で医学博士号と並行して薬剤師の免状取得もしたが，どういうわけか彼の興味は次第に生理学に移っていった。デュボアはある日，船乗りからカリブ海産のヒカリコメツキという昆虫を譲り受けて，歴史に名を残すきっかけとなる重要な実験を行った。ヒカリコメツキの発光器を冷水中ですり潰すと発光はしばらく持続し，やがて消えた。同じように発光器を熱水中ですり潰すと発光は起こらなかった。この熱水抽出液を冷まして，冷水抽出液と混ぜたところ，再び発光した（◆図2）。

コラム 5 発光生物学の歴史―過去より受け継がれる魅惑の光― 83

図 1　ラファエル・デュボアと彼の著作 "*La vie et la lumière*"（出典：Portrait Musée d'histoire de la médecine et de la pharmacie Lyon1, https://bibulyon.hypotheses.org/5941）

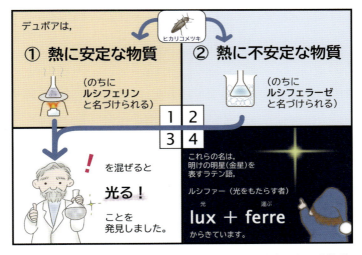

図 2　デュボアによるルシフェリンとルシフェラーゼの発見（漫画：石井桃子）

さらに二枚貝のヒカリカモメガイ（➡第 1 章）でも同じ実験を行って同様の結果を得ている。デュボアは冷水抽出液に残る物質を酵素だと認識し，ルシフェラーゼの名を与え，熱水抽出液に残る物質を基質としてルシフェリンと呼ぶことにした[1]（➡第 2 章）。この実験は「古典的ルシフェリン–ルシフェラーゼ反応テスト」と呼ばれ，現代においても，発光メカニズムの知見がない場合に最初に行われる

重要な実験である。

ニュートン・ハーヴェイ（1887-1959）

　今から約100年前のこと。染色体説の実証で知られるトーマス・モーガンのもとで博士号をとったばかりのアメリカ人，ニュートン・ハーヴェイ（◆図3）は，新婚旅行で日本を訪れた。はじめて見るウミホタルの光雲に惚れ込んだのか，生物発光の研究を開始する。発光自体に関心をもったのは，その数年前にグレートバリアリーフのマレー島に3か月間滞在したことがきっかけだった。ただし，具体的にどんな発光生物を見たからなのかはわかっていない（おそらく渦鞭毛藻だと考えられている）。ハーヴェイは日本産ウミホタル（➡第12章）を使って，生物発光に酸化反応が関わっていることを発見した（➡コラム2）。その後も，ホタルや発光バクテリアなどさまざまな発光生物を研究する過程で，異なる発光生物の抽出液同士を混ぜても発光しないことを明らかにし，生物発光が系統ごとで独立に進化したという「進化的な視点」を取り入れた。尊敬するデュボアからも「砂糖漬けのヒカリカモメガイ」（！）を送ってもらい，デュボアの実験の追試を行っている。

　1952年，64歳のハーヴェイは当時の発光生物の知見を多く詰め込んだバイブル『生物発光』（*Bioluminescence*）を出版した[2]。なお，これ以降現在に至るまで，発光生物を分類群ごとに整理し，網羅した洋書は存在しない。ハーヴェ

図3　ニュートン・ハーヴェイ（1954年）と彼の著作 "*Bioluminescence*"
（出典：横須賀市自然・人文博物館の厚意により，許可を得て掲載）

コラム 5　発光生物学の歴史―過去より受け継がれる魅惑の光―　　85

イは多くの優秀な弟子も育て上げたことから発光生物学の父と呼ばれている（現在も発光生物研究者が多いのはアメリカである）。彼の弟子の一人，ウィリアム・マッケロイ（➡第 2 章）はホタルルシフェリンの構造決定や ATP の関与など，ホタルの発光メカニズムの解明に多大なる成果をもたらした人物である。

羽根田弥太（1907−1995）

　ハーヴェイを発光生物学の父と呼ぶならば，羽根田弥太（✦ 図 4）は日本発光生物学の父である（➡コラム 2）。羽根田は台北帝国大学の農学部に入学したが，医者家系ということもあって，家族の希望により 1 年で退学することになってしまった。その後（おそらく渋々），東京慈恵会医科大学に入学したのだが，研究室で見た発光バクテリアの放つ幻想的な光に魅了され，医学そっちのけで研究室に入り浸った。4 年生で論文を書いたときには「自分の一生の研究は，これだと思った」と後に述べている。なお，羽根田は医師免許を取得したものの，生涯で一度も使うことはなかった（家族には残念であったかもしれないが，発光生物学の大きな進歩にはなった）。

　羽根田は野外に出て発光生物を探すことを好み，ヒカリマイマイ（➡コラム 3）やヨコスジタマキビモドキ（➡コラム 8），ヤスデにツクエガイ（➡第 1 章）など，綱レベルや目レベルで初記録となる発光生物を次々と発見した。羽根田の発光生物に対する観察眼は，現代の発光生物学者にとっても驚嘆に値する。羽根田は

図 4　羽根田弥太（1937 年）と彼の著作『発光生物』『発光生物の話』
　　　（出典：横須賀市自然・人文博物館の厚意により，許可を得て掲載）

1985年に『発光生物』を出版し、日本語で発光生物を体系的に網羅した最初の本となった[3]。2022年に大場裕一『世界の発光生物』が出版されるまでの40年近くは、この本が日本発光生物学を支えていたといっても過言ではないだろう。文献もかなり充実しており、最先端の研究を知ることはできないが、ここにしか書かれていない羽根田の鋭い視点が満載で何度も読み直す価値がある。また羽根田は一般向けに『発光生物の話』も書いており、自身の長年の経験や調査が詰め込まれているので、冒険心を駆り立てられる楽しい内容になっている[4]。現在はどちらも絶版であるが、これほど正確に発光生物のことが書かれた本は洋書にもなく、何より日本語で手軽に読める私たちはたいへん恵まれている。

下村脩（1928-2018）

下村脩（◆ 図5）は2008年に「緑色蛍光タンパク質（GFP）の発見と応用」でノーベル化学賞を受賞したので、読者のなかにも知っている方が多いと思われる。しかし、受賞理由になったGFPはあくまで発光の研究の際に生じた「なんの喜びもなかった」副産物であり、一生をかけて追い求めていたものではない[5]（➡第10章）。下村は海洋生物学者といわれることもあるが、生物学的な研究はしておらず、誤りである。実際には、生物発光の「化学的な研究」によって、さまざまな発光生物の発光メカニズムの解明に生涯を捧げた化学者である。具体的には、フォトプロテインによる生物発光の発見や、多くの海洋発光生物に共通す

図5 下村脩（1965年？）と彼の著作 *"Bioluminescence: Chemical Principle and Methods"* 第1～3版、『クラゲに学ぶ』（出典：横須賀市自然・人文博物館の厚意により、許可を得て掲載）

るルシフェリン（セレンテラジン）の構造決定などの業績が代表される。

　ノーベル賞受賞後に出版した『クラゲに学ぶ』は下村の生い立ち，実直で飾らない人柄から研究歴まで詳細にうかがい知ることができ，実験研究者として人生を捧げることの覚悟や苦労がひしひしと感じられる本である[6]。また『生物発光―化学的原理と方法―』（*Bioluminescence: Chemical Principles and Methods*）という本も出版した[7]。あらゆる生物発光の化学的な原理や実験方法がすべて網羅されている専門書であり，発光生物学者全員が机の上に置いて，何かあれば見返すような心強い本である。下村は26歳のとき，名古屋大学でウミホタルルシフェリンの結晶化という研究テーマを与えられた。それはハーヴェイのグループが10年以上にわたって解決できなかった難題であったが，下村は弛まぬ努力を続けてわずか10か月で成し遂げた。下村は当時を振り返り「終戦以来灰色であった私の将来に希望を与えました。（中略）最も大きな収穫はどんな難しいことでも努力すれば出来るという自信でした」と語っている[8,9]。その成果が世界的に認められた下村は，ハーヴェイの弟子であるフランク・ジョンソンによってプリンストン大学に招待された。下村は一生のほとんどをアメリカで過ごし，発光生物の研究を辞めることはなかった。

パイオニアたちのスピリッツとその継承

　以上のように発光生物学研究はデュボアに始まり，ハーヴェイや羽根田，下村によって重要な知見が蓄積されていった。いずれの4人は師弟関係ではないにしても，何らかのつながりがあった。下村のノーベル賞も振り返ってみれば，ジョンソンはもちろん，その師であったハーヴェイ，そしてその2人と親交が深かった羽根田の存在が大きかったと考えられる。このパイオニアたちの「純粋な興味から研究する」スピリッツは今でも受け継がれており，本書執筆陣のなかにも流れている。そして同時に広がりつつもある。私もその一人で，高校生の頃，下村の訃報をきっかけに発光生物に興味をもつようになった。大学に入学したばかりの私は，図書館内の薄暗く古本の匂いが充満した書庫で，たまたま羽根田の『発光生物』を見つけて感銘を受けた。発光生物ひとすじで研究していた日本人が昔もいたことを知らなかったし，羽根田の「外に出て新たな発光生物を探す研究スタイル」が自分の興味と完全に一致していたからである。1冊の日焼けした本は，コロナ禍で暗黒に包まれつつあった私の大学生活にひときわ明るい冷光を灯し，私の進むべき道を照らしてくれた。今はサンダルにホタルをつけなくとも，懐中

電灯一つで闇夜を歩くことも平気になり，熱をほとんど伴わない生物発光が昔ほど魅力的にみられることはなくなった。それでも，実際にホタルやウミホタルなど小さな生物から発せられる光はどこか見入ってしまうものがある。どうして，こんなに小さな生き物が光を作れるのだろうか？ 何のために光るのだろうか？ なぜ緑色ではなく，青色なのだろう？ 疑問は尽きない。ここで紹介した4人のパイオニアたちが発光生物の研究に一生を捧げることになったのも，私たちと同じような好奇心がきっかけであったと思う。数多の生物が作り出す光は，「役に立つ研究をするべき」とかそんなことを考える隙も与えず，見る者を虜にしてしまう魅惑の光なのかもしれない。

〔南條完知〕

III
海の発光生物

第8章
深海探査のはなし

深海は地球最後のフロンティア

　私たちは陸地で生活しているので，当たり前のように生物＝陸上生物と考えてしまいがちだ。しかし，人間本位な思考にひっぱられずに改めて考えてみよう。地球の表面の7割が海である。生物が生息可能な環境を面積ではなく体積で考えると，河川を含む陸域はたったの0.5%しかない。そして残りの99.5%のうち，水深200 mより深い深海は93%を占める[1]。つまり，地球上の生物生息圏のほとんどが深海であるといってよいだろう。しかし，陸地という辺境の土地で適応してしまった人類が深海を調査することは難しく，海の中にどのような世界が広がっているのかについてはよくわかっていない。言い換えれば，私たちは自分たちの住む惑星のことをあまりよくわかっていないのである。たとえば，2014年時点で，火星や金星は100 m，月にいたっては2 mの解像度で地表が解析されている。一方で，海底の地形は500 mの解像度でしか把握されていない[2]。海底地形を計測するために必要な光は水によって遮られてしまうため，人工衛星による大規模な解析ができないことが原因であった。もちろん，船の上から海を覗いても，10 m下の海底が見えれば上々であり，平均水深3,800 mの海底を船上から直接観察することは不可能である。これらのことから，深海は月面よりも研究が困難な地球最大にして最後のフロンティアだといわれている。

　これまでに多くの研究者によって，自分で潜ってみたり，紐を垂らして深さを調べてみたり，ロボットをおろしたり，超音波を使ったりとさまざまな方法で深海が調べられてきた。そして，深海にも地上と遜色のない複雑な地形や生態系が広がっていることが段々と明らかになってきた。深海生物の多くは発光するので，生物発光と深海研究は密接な関係にある。本章では，深海探査の歴史をなぞりな

がら，光る生き物のいろいろなはなしを紹介していきたい。

伝説の海中探査

歴史に登場する海中探査を行った最初の人物は，紀元前4世紀まで遡る。あのアレキサンダー大王である。アレキサンダー大王は世界征服に対する野望が強く，実際に，当時の中東諸国を百戦錬磨の強さで征服した。世界を掌握したいという彼の欲求は陸地だけでなく，海の中へも広がった。その伝説は，時代や言語によってさまざまな形で伝えられたため，出典によってはまったく違う物語のようにも思えるが，一貫しているところもある。それはアレキサンダー大王がガラスでできた容器に入り海中へ潜り，海の中のようすを長時間観察したということである（◆図8.1）[3]。この探査機（というよりは容器）でどこまで深く潜れただろうか？ ウィリアム・ビービの著書には，アレキサンダー大王は従者とともに水深100 mの深さで，真っ黒な怪物や巨大な魚を見た，と書かれている。100 mも潜れば生物発光を見ているはずだが，その記述がない，ということはもっと浅いところまでしか潜っていないのかもしれない。

図8.1 アレキサンダー大王の海中探査のようす(The Metropolitan Museum of Artのウェブサイトより)

伝説をもとに16世紀にインドの画家ムクンダ Mukundaによって描かれたため，大王の風貌が中東風になっている。このほかにもさまざまな国の芸術家によってこの伝説が描かれているので興味があれば探してほしい。

ことの真相はさておき，アレキサンダー大王の伝説から得られる教訓とは，頑丈な箱に入れば海の中を直接観察できるというものである。このアイデアは，バチスフィアや現代の潜水艇にも引き継がれている。

初の有人深海探査：バチスフィア

そもそも深海に生物はどれほど存在するのだろうか。陸上や海表面付近では，太陽の光エネルギーをもとに活発に光合成が行われ，固定されたエネルギーが食物連鎖を通して供給されることで，生態系が支えられている。光があまり届かな

い200 mより深い深海では，光合成は行われず，生物が利用できるエネルギーがないので，生物は存在できないのではないだろうか。1839年にイギリスの博物学者であるエドワード・フォーブスらによって行われた調査をきっかけに，水深548 m以深には生物は存在しないという「深海無生物説」が提唱された[1]。もちろん，その後の調査で，この説は否定されている。現在では，超深海（水深6,500 m以深）にもナマコや魚類などが見つかっており，もっとも深いマリアナ海溝の10,920 mの深さからもカイコウオオヨコエビやナマコのなかまが見つかっている[4]。

深海生物の研究史においては，ウィリアム・ビービというアメリカ人について話を避けては通れない。深海にも生物が多くいることが徐々に明らかになってきた1930年，ビービはバチスフィアと呼ばれる鋼鉄製の潜水「球」（✦ 図8.2）を，技師のオーティス・バートンとともに作製し，深海の冒険へと飛び込んだ最初の一人である[3]。バチスフィアは，3つの窓，呼吸のための酸素ボンベ，湿気と二酸化炭素を吸収し空気を清浄に保つための塩化カルシウムとソーダ石灰が積まれた簡素な設計の鉄球である。クレーンで吊り上げられ，命綱のワイヤーによって上昇下降が制御される。電話線もついており，それを用いて海底の岩場などの障害物を避けるための連絡を行った。また，この電話を通して，深海のようすがリアルタイムでラジオ放送された。

1930年6月6日に行われた，ビービによるバチスフィアでのはじめての潜航は，発光生物の研究においても重要な文脈をもつ。300フィートほど潜ったところで，石英の窓から海水が滴ってきたらしい。高い水圧（約10,000 kg/m^2）によりバチスフィアが圧壊するかもしれないという不安にも負けずに潜航を続行した。700フィート（約200 m）まで潜ったときビービは，海の中が光であふれていることに気づいた。つま

図8.2 バチスフィアを前にするウィリアム・ビービ（左）とオーティス・バートン（右）（Krista Few/Corbis Historical：ゲッティイメージズ提供）小さな円形の入り口から中に入り，向こう側に見えている窓から外のようすを観察していた。大人二人が入るには窮屈なそうなサイズである。鉄球とケーブルの総重量はおよそ4トンにも及ぶ。

り，深海生物の生物発光を人類ではじめて深海にいながら観察したのである。

　　私たちは，生きた人間として，この不思議な深海の光を目のあたりに眺めた最初の人間なのだ。しかもその光は，誰にも想像することのできないような，不思議な光であった。その光は，地上の世界では，未だかつて見たこともない，なんとも言いあらわしようのない半透明の青い光であった。私たちの視覚神経は，その光を見て，全く当惑し切ってしまうほど，興奮させられてしまった。
　　　　　　　　　　　　　　　　　　　　　　　　（『深海探検記』[3]）より）

　深海発光生物の光に魅せられたビービは，その後しばらく，照明を消して観察を続けたようだ。「なぜなら，何よりも，この深海の生物から発する光を見たいと思ったからである」という理由で。

　1934年までの6回の潜航により，ビービは分厚い石英窓を通して多くの深海発光生物を観察した。ムネエソ類やホウライエソ，ミツマタヤリウオ，ほかにも当時は種名のついていない発光魚などが青色の光を放ったことを報告している。ハダカイワシ類やイカが群れをなして発光するようすも報告している。それまでも網によって引き上げられた深海魚が発光器をもつことは知られていたが，それがちゃんと光るのかどうかについては不明であった。ビービらの勇敢な挑戦によって，深海の生物の発光器が「発光器官としての最高度の働きをするものであることは，疑いもないものである」ことが明らかになったのだ。

　ちなみに，ビービはこのときに生きたチョウチンアンコウ（➡第15章）も観察しているのだが，その記述は彼の観察力の信頼性を高めている。照明灯に照らされたチョウチンアンコウのメスを観察しているのだが，提灯の発光は観察できなかったと言っている。チョウチンアンコウの体は真っ黒な色をしているが，提灯の先だけは白くなっており，照明の下で観察すると，あたかも白く光っているように思ってしまう。これによる勘違いは，生きたチョウチンアンコウが見つかったときなどにニュース記事などで散見されるが，実際の発光は青色であり暗闇の中でしか見られない。

　現在バチスフィアは，その役目を終えニューヨーク水族館にて展示されている。

フルデプス潜水船の登場

　有人探査船はバチスフィア以降も建造され，1960年にはジャック・ピカールとドン・ウォルシュを乗せたトリエステ号によって世界最深のマリアナ海溝チャ

レンジャー海淵に人類は到達している．最深部の 10,925 m まで潜ることができるものをフルデプス潜水船という．世界最深点に到達した人類で 3 人目の人物は，『タイタニック』や『ターミネーター』などを生み出した映画監督のジェームズ・キャメロンである．自身で設計したディープシーチャレンジャー号に乗り，キャメロンは，2012 年にチャレンジャー海淵に到達した．キャメロンは幼い頃から深海に興味をもっていたそうで高校時代に書いた深海をテーマにした小説を 1989 年に "The Abyss" として映画を作成している．『アバター』の世界の海にでてくる発光生物が，深海探検で見た世界から着想を得たものかもしれないと考えながら観ると，新しい楽しみかたができるのではないだろうか．

モントレー湾水族館研究所での深海探査

　深海には多くの発光生物がいることがわかったが，それらの発光に関する研究はどれくらい進んでいるのだろうか？ 日本を代表する海洋研究開発機構（Japan Agency for Marine-Earth Science and Technology, JAMSTEC）やアメリカのウッズホール海洋研究所（Woods Hole Oceanographic Institution, WHOI）など，世界にはいくつか深海研究機関があり，深海生物研究の発展に貢献している．そのなかでもとくに発光生物研究を牽引してきたのはモントレー湾水族館研究所（Monterey Bay Aquarium Research Institute, MBARI）であろう．

　アメリカ・カリフォルニア州にある MBARI は，1987 年にデイビッド・パッカードによって非営利の私立研究所として設立された．名前に水族館とつくが，モントレー湾水族館からは車で約 30 分離れた郊外の街モスランディングに位置し，また，運営も水族館とは独立している．

　私は 2018 〜 2020 年にポスドクとして MBARI に所属していた．当時の体験に基づいて，研究航海について紹介しよう．MBARI には，ダイビングや近場でサンプリングするための小型船 Paragon，日帰り航海で調査を行う Rachel Carson，およそ 10 日の調査航海を行う Western Flyer の 3 隻の研究船がある．研究所の前に研究船の停泊所があり，ラボの機材を迅速に運び込むことができ，スムーズに出航できるようになっている．船の中には，デスクが並ぶ研究室と深海から捕まえ水揚げした生物を扱う実験室，生かしたまま保存するための低温室，そして実験小部屋がある．航海の目的によってそれぞれの研究者が独自のセットアップを行う．発光生物の調査を目的とするスティーヴン・ハドックのグループが航海に

行く際には，実験小部屋に暗幕を取りつけ特設の暗室を作る。

航海中の発光生物の採集方法は 3 種類ある。SCUBA ダイビングでは表層生物（主にクラゲやクシクラゲ，ヒカリボヤが捕れる）（➡第 10 章），巨大なプランクトンネットを用いた引き網では中深層生物（主にオニハダカや他の魚類，クラゲ，浮遊性のゴカイが捕れる），無人の遠隔探査機（remotely operated vehicle, ROV）（✦ 図 8.3）では深海生物と，それぞれの採集方法によって捕獲できる生物の種類や生息深度が異なってくる。

図 8.3 深海探査船（ROV）Dock Ricketts（撮影：Randy Prickett and Erich Rienecker ©2018 MBARI）
アンビリカルケーブルによって母船とつながっており，船内の操作室から操縦できる。

ROV には高画質カメラ（4K）が装備されており，深海生物の生態を直接観察することができる。さらに，ハドックのグループの航海では，特別に ROV に高感度カメラを装備することで深海生物の「リアル」な発光のようすの観察を可能にしている。これまでは深海生物のリアルな発光のようすを観察することは難しかった。多くの生物はつつかれるなどの機械刺激に反応して発光する。引き網によるサンプリングでは，網や混獲物との擦れや急激な圧力変化など，過酷な条件にさらされる。それらの刺激で発光物質を使い果たし，船の上に揚げられた段階では憔悴し光らなくなっているものが多い。そのような生物を用いて発光の観察をしても発光色や発光部位を調べることはできるが，深海数千 m で実際にどう発光するのかについてはほとんどわからない。したがって ROV による現場での自然な発光行動の観察は真の生態を解明するために必要不可欠である。

たとえば，深海のナマコの多くは発光するが（➡第 13 章），その自然な発光のようすは実験室での観察からは予想もできないものであった。ハゲナマコ（✦ 図 8.4A）を ROV によって深海 1,000 m から 6 時間かけて水圧の変化に馴らしながら船の上まで移動させ，光の刺激を最小限にするために素早く暗室に持ち込んで，ゴム手袋越しあるいはピンセットの先でつついてみても，触ったところが微かに光り，すぐ消えてしまう程度である。仕方なく強めの刺激を与えると，最

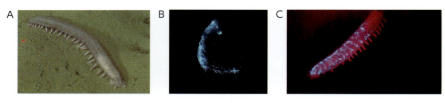

図 8.4　ハゲナマコの発光（撮影：別所−上原学 ©MBARI）
A：水深約 500 m に生息するハゲナマコ。B：いくつかの弱い刺激を試しても光らない場合，私の最終奥義の塩化カリウムスプレーを吹きかけると全身が一度に発光する。C：暗闇でも生物の輪郭がわかるように赤いライトでハゲナマコを照らしている。生物発光は青色。

後の命と引き換えに全身の発光細胞から光を一斉に放出する（✦ 図 8.4B）。一方で，ROV のロボットアームによって捕まえられたハゲナマコを，高感度カメラで撮影したところ，オーロラのような光の波がめまぐるしく全身を駆け巡るようすが観察された（✦ 図 8.4C）[5]。カムリクラゲの光りかたと非常に似ており，ナマコの発光が警報装置として使われている可能性が高い（➡第 3 章）ことが，新たにわかった瞬間であった。

　1985 年ブルース・ロビソン博士は，有人探査機で深海に潜った際に，多くの形容しがたい深海生物を見たと説明したが，なかなか信じてもらえなかったそうだ。MBARI 創設の 2 年前のことであった。約半世紀たった今，水深 1 万 m まで潜れる技術，生物発光を記録できる高感度カメラの技術的進歩など，生物学研究を進める数々の技術的イノベーションが達成されている。現代はまさに深海発光生物学の発展期を迎えているといっても過言ではない。深海の発光生物たちは，本書を手にした読者たちが発見してくれるのを深海で待っているかもしれない。

〔別所−上原　学〕

第9章
発光バクテリアのはなし

発光バクテリア

　これまでの章でも触れられたように，地球には多様な発光生物が存在し，さまざまな環境で光を放っている。そのなかでももっとも小さな発光生物が発光バクテリアである。発光バクテリアは，発光微生物，発光細菌などと呼ばれることもあるが，要は光を放つ原核生物のことである。講演などで発光微生物（発光バクテリア）の話をしますと言うと，ヤコウチュウの話ですか？　と聞かれることがあるが，ヤコウチュウやウミホタルは細胞核をもつ真核生物であり，バクテリアよりもはるかに大きな微生物である（➡第1章，コラム6）。微生物というのは目に見えないほど小さな生物の総称であるので，原核生物も真核微生物も含まれるが本章では発光する原核生物，つまり発光バクテリアの紹介をしたい（✦図9.1）。

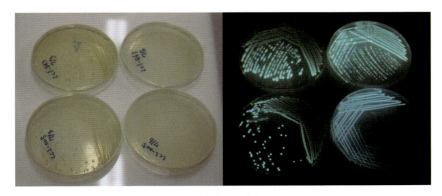

図9.1　明・暗条件での発光バクテリア

発光バクテリアの細胞サイズは？

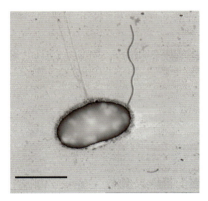

図 9.2 私が新種記載した発光バクテリア（*Vibrio azureus*）の写真（原子間力顕微鏡）
図中の線は 2 μm を表す。

　原核生物である発光バクテリア（原核生物）の体のサイズは数 μm（1 μm は 1 mm の 1/1,000）程度であるのに対し，発光性のプランクトンとして有名なヤコウチュウは約 1 mm，ウミホタルは数 mm 程度のサイズである。ヤコウチュウやウミホタルは肉眼でギリギリ認識できるのに対して，バクテリアは肉眼で姿，形を認識することがまったくできないサイズである。発光性プランクトンであるヤコウチュウが大量発生した場合などは，海辺が青く光る美しい現象として観察され，ときにはニュースで紹介されるときもある（➡コラム 6）。それでは，発光バクテリアの放つ光も私たちは肉眼で見ることができないのであろうか？　一般的に，細胞サイズが 1 μm 程度の存在であるバクテリアの活動を私たちは見ることも，また感じることもできない（✦ 図 9.2）。しかしながら条件が整えば，発光バクテリアの放つ光を私たちは肉眼で観察可能なのである。

光るお刺身？

　年に数回，SNS に「刺身が光っている！　なんだこれは？」と写真が投稿され，バズることがある。よく見かけるのは，イカの刺身が暗闇でぼんやりと青白い光を放つ写真だが，光を放っているのはいったい何者なのか？
　イカの体表面で光を放つ，目に見えない「何か」，その正体こそが発光バクテリアである。発光バクテリアがイカの体表面で細胞分裂を繰り返し増殖する，そして 100 万いや 1000 万細胞以上の発光バクテリアがルシフェリン–ルシフェラーゼ反応をすることで私たちの目で認識できるほどの光を放っているのだ（✦ 図 9.3）。より詳細に述べると，発光バクテリアは基質に還元型フラビン，長鎖脂

肪族アルデヒド，酸素と発光酵素であるバクテリア型ルシフェラーゼを反応させることで光を放つ。一部の例外を除くと，その発光色の波長は約 490 nm にピークをもつ青色で，明滅することなく一定の光を細胞内から放つのが特徴である。

図 9.3　スーパーで購入したスルメイカが発光するようす

　発光バクテリアの存在を知らない人が「光るお刺身」を見たら，さぞ驚くことだろう。実際，何度も SNS 上で大規模に拡散されていることから，刺身が光を放つなんてことは常識では考えられない「ありえない現象」なのであろう。身近に存在しながら，普段は認識されることがなく，認識されると大騒ぎになる，発光バクテリアはそんな生物である。

実は海洋に広く生息する発光バクテリア

　発光バクテリアは普段どこに生息しているのか？　私たちにとって身近な陸上環境にも，昆虫などに感染し光を放つバクテリア（*Photorhabdus* 属に含まれるバクテリア）は知られているが，発光バクテリアの多くの種は実は海洋環境に生息している。それでは，海洋のどのような場所に生息しているのか？　発光バクテリアは海洋の表層から深海，沿岸から外洋，あらゆる水塊に生息している。日本近海や太平洋，地中海の海水まで，多様な海水から発光バクテリアを分離してきた私の経験上，海水を寒天培地に塗布し培養すると，どのような海域の海水からもコロニーを形成するバクテリアの 0.1 ～ 1 % 程度は光を放つ。ちなみに海洋バクテリアは 1 mL に 100 万細胞程度存在し，その中でコロニーを作るバクテリアは 0.1 % 程度とされている。つまり，発光バクテリアは海水 1 mL 中に 1 ～ 10 細胞程度存在する計算になる。

　また，発光バクテリアは海水中だけでなく，多くの海産動物の体表や腸管にも生息していることが知られている。『発光生物の話』[1]（→コラム 5）によると，「生乾しにしたイカやヤナギムシカレイなど，暗い所で見ると 80 % は光っている」と書かれている。私も実際に，スーパーで購入した刺身や海産食品を暗室で観察したことがあるが，50 % 程度は光ることを実感している。もちろんすべての海産

食品が光るわけではないが，捕獲され一度も冷凍されていないイカを室温で 24 時間ほど放置し暗室で観察するとほぼ間違いなく発光バクテリアによる光を観察できる。興味のある方はぜひ観察していただきたい。その際，刺身が乾かないように注意してもらえれば，おそらく世界最小の発光生物の活動を肉眼で観察できるはずだ。

なぜ多くの海産生物は放置するだけで発光バクテリアが増殖するのか？ その理由は，発光バクテリアは海産生物が生きているときから彼らと生活をともにしているからである。それでは魚のどこに潜んでいるのか？ 魚の胃や腸管，また周辺の海水を寒天培地に塗布し，コロニー形成する発光バクテリアの割合を調べたところ，海水中に比べ魚の腸管内に 10 〜 100 倍程度存在することが報告されている[2]。つまり，発光バクテリアは魚の胃や腸管内に常時生息しているようである。腸内細菌の役割は現在も盛んに研究されているが，一般的には魚の捕食する餌の消化を助けていると考えられている。多くの発光バクテリアはキチン（多糖高分子）を分解するキチナーゼと呼ばれる分解酵素をもっている[3]。そのためキチンを外骨格として利用するエビ，カニ，オキアミなどの甲殻類の殻を分解することができるのである。キチナーゼを生産できることから，発光バクテリアは魚の腸内細菌として重宝されているのであろう。海水中に漂う発光バクテリアではあるが，本当は栄養分が豊富な腸内環境でぬくぬくと生活したいのかもしれない。しかし残念なことに腸内細菌は糞として海水中に放り出されてしまうのである。

他の生物と共生する発光バクテリア

海洋生物のなかには，発光バクテリアを腸内細菌として利用するだけでなく，積極的に彼らの発光を利用するものも存在する。発光バクテリアを飼育可能な「発光器」をもつイカや魚などである。本書でも紹介されているように，海洋には光を放つ生物が多数生息しているが，多くの海産動物は，自力発光する（自らの組織内でルシフェリン-ルシフェラーゼ反応を行っている）一方で，特定の種は体の一部に発光バクテリアを飼育する発光器をもち，その中で発光バクテリアを増殖させその光を利用している（➡コラム 7）。イカなどでは，ダンゴイカ類やヤリイカ類などが発光器をもち発光バクテリアと共生していることが知られている。魚では，ヒカリキンメダイ（✦ 図 9.4），ヒイラギ，マツカサウオなどが発

光バクテリアと共生していることが知られているが，一番有名な発光器をもつ魚はやはりチョウチンアンコウであろう（◆図9.4）。チョウチンアンコウはその名が示すとおり，頭の先に餌を誘うための提灯（エスカ）を備えた深海の人気者である。

ダンゴイカやヒイラギの発光器に共生する発光バクテリアは，比較的簡単に培養できるため発光機構の分析や分類学的研究に用いられてきた。しかしながら，ヒカリキンメダイやチョウチンアンコウに共生するバクテリアは寒天培地

図9.4 発光バクテリアを共生させる発光器をもつヒカリキンメダイ（左）とチョウチンアンコウ（右）ヒカリキンメダイの目の下にあるのが発光器である。これらの生物の共生発光バクテリアは寒天培地上でコロニーを作らない性質をもち，近年までその分類群や性質は謎に包まれていた。

上でコロニーを作らないことから，長らくその分類群すらわかっていなかった。最初にチョウチンアンコウの発光器に生息する発光バクテリアの種類が調べられたのは1993年のことである。発光器内部の共生バクテリアからDNAを抽出し，バクテリアの種推定に用いられるrRNAの配列が決定され，*Vibrio* 属の細菌であると報告された[4]。また2018年には共生細菌の全ゲノムが決定され，*Vibrio* 属のバクテリアではなく *Enterovibrio* 属の新種であることが判明し，擬餌状体（エスカ）から名前をとって"*Enterovibrio escacola*"という種名が提案されている[5]（➡第15章）。これだけ有名なチョウチンアンコウですら，共生する発光バクテリアは未記載種であり，2018年にようやく名前がつけられたのである。また発光器をもつチョウチンアンコウは複数種知られていることから，異なる種には別の発光バクテリアが共生している可能性もある。

発光器をもつ海産生物は発光バクテリアの光を何に使っているのか？ 自家発光性の生物と同様，発光をコミュニケーションに使うものや，自身の影を隠すために使うもの，またチョウチンアンコウのように自身の捕食する餌をおびきよせるために利用するものなど，海洋で生残するために使われていると考えられている。一方で，他の生物には真似できない発光バクテリア特有の発光するメリットもあると考えられている。発光バクテリアが発光する理由は「プランクトンの死

骸や魚の糞など（いわゆるマリンスノー）に付着し，光を放つことで目をもつ捕食者に食べてもらうためである」という仮説を私を含め複数の研究者が提案している。先にも触れたが，発光バクテリアは魚の腸内細菌であるため，捕食されてもその生物の腸管内で生息可能なのだ。バクテリア以外の発光生物は，光を放ち，捕食者に見つけてもらう，という戦略は取れない。なぜなら，バクテリア以外の生物にとって，捕食とはすなわち死を意味するからである。

発光バクテリアの分類群

　本書には多様な生物群の発光生物が紹介されているが，発光バクテリアは何種類ほど知られているのであろうか？　昭和19(1944)年に発刊された『發光微生物』[6]には発光バクテリアが120種紹介されている。今から80年前の本に120種紹介されているのだから，さらに増えていると思われるかもしれないが，現在知られている発光バクテリアはわずか40種程度である。発刊当時はまだバクテリアの分類手法が確立しておらず，日本近海から見つかった発光バクテリアと北アメリカ西海岸や地中海から見つかった発光バクテリアは同種なはずがないと考えられており，それぞれに別の種名がつけられていた。その後，バクテリアの分類学的研究にrRNA遺伝子配列が用いられることになり，80年前に知られていた種の多くが同種のバクテリアであることが判明し，種数が減ってしまったのである。現在知られている発光バクテリアはすべて以下の分類群に含まれている。ビブリオ科（Vibrionaceae）の*Vibrio*属，*Photobacterium*属，*Aliivibrio*属，*Enterovibrio*属，シェワネラ科（Shewanellaceae）の*Shewanella*属，エンテロバクター科（Enterobacteriaceae）の*Kosakonia*属，*Photorhabdus*属。またバクテリアの場合は，大きな生物と異なり少々厄介な生物学的な特徴がある。たとえば，発光バクテリアとして有名な*Vibrio harveyi*という種が知られている[7]。一般的に，「ホタルであれば発光する」というのは正しいが，バクテリアの場合は発光バクテリアとして有名な*Vibrio harveyi*であればすべて光るのか？　と問われると答えは"NO"である。つまり*Vibrio harveyi*という種のなかに発光性と非発光性の株が含まれるのである。これは，バクテリアという生物の特徴であるといえるかもしれない。身近な例を挙げると，大腸菌（*Escherichia coli*）と呼ばれるバクテリアのなかに腸管出血性大腸菌O157が含まれるが，すべての大腸菌が強い毒素を生産するわけではない。それでは，*Vibrio harveyi*のなかの何割程度が発光性なのか？　実は

それもよくわかっていない。発光バクテリアに限らず，バクテリアの同種内にどの程度バリエーションがあるのか？ などの基礎的なこともよくわかっていないのが現状である。バクテリアの生態学的研究はようやく研究基盤が整いはじめた状況であり，今後，比較ゲノム解析などから発光バクテリアの詳細な生理・生態の解明が期待されている。

〔**吉澤　晋**〕

第 10 章
光るクラゲのはなし

クラゲってなに？

　「クラゲってなに？」と聞かれたら，皆さんは正しく答えられるだろうか？ おそらく多くの人の答えは，「水の中にいて，触手みたいなのがたくさんあって，ふにゃふにゃした，いわゆるクラゲって形をしてるやつ」といったところだろうが，それは刺胞動物門のクラゲのことで，おおよそ間違ってはいない。刺胞動物に分類される生物種のうち，自由に漂っているステージをもつその状態のものは，一般に「クラゲ」と呼ばれている（訳注：ここでは英語でジェリーフィッシュ（jellyfish）と呼ばれているものに近い言葉として「クラゲ」の訳語を使用する）。刺胞動物門のクラゲは，大きさもさまざまで，小さいものは米粒ほどで，大きなものでは小型の自動車くらいある。専門用語で「傘」と呼ばれる透明なお椀状の部分を広げたり縮めたりして水流を起こし，触手がついている向きとは反対に泳ぐ。ただし，泳ぐ力はそれほど強くはないので，どんなに大きいクラゲでもプランクトン（浮遊生物）とみなされる。世界中の海に見られ，触手にある仕込み針（刺胞）で獲物を捕らえて食べている。

　クラゲと呼ばれる生物には，もう一つ別のグループがある。それが，クシクラゲのなかま（有櫛動物門）だ（✦ 図 10.1A）。名前こそクラゲだが，刺胞動物とはずいぶん昔に袂を分けたまったく別の動物グループである（後述）。もしかすると，水族館に行ったときに，クラゲのような透明な体から放射状にのびる筋（櫛板列）を七色にキラめかせながらゆっくりと泳いでいる生物を見たことがある人もいるかもしれないが，あれが，クシクラゲである。クシクラゲのなかまも餌を捕る際には触手を使うことがあるが，刺胞動物のクラゲのような刺胞はもたず，その場合は触手に獲物をくっつけて捕まえる（✦ 図 10.1B）。

第10章　光るクラゲのはなし

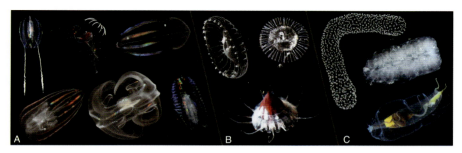

図10.1　（A）クシクラゲのなかま，（B）刺胞動物のクラゲ類，（C）ゼラチン質動物の例
いずれも発光のようすではない（Aのクシクラゲ類の虹色に見えている部分は，櫛板列の反射である）。
Aは，左上のフウセンクラゲの一種以外はすべて発光種。Cは上から，放散虫の一種，ヒカリボヤの一種，多毛類のウキナガムシ。

　すなわち，「クラゲ」という呼び名は，私たちが「野菜」というのと同じように，ある特定のグループを指す言葉ではないのである。また，場合によっては，刺胞動物のクラゲやクシクラゲに加えて，透明だけれども脊椎動物に近いサルパ（サルパ目）やウミタル（ウミタル目）などを含めた「ゼラチン質動物（gelata）」のことを「クラゲ」と呼ぶこともあるが，本章では，サルパ類やウミタル類についてはこれ以上触れないでおこう（訳注：サルパやウミタルのなかまは脊索動物門尾索動物亜門に属し，発光する種も報告されている）（✦図10.1C）。

　さて，ここからが本題。これらクラゲのなかまのもっとも興味深い特徴といえるものとして，体が半透明のゼリー状であること以外に何か挙げられるものがあるだろうか。私は，それらの多くが「発光すること」を一番に挙げたいと思う。そのようなわけで，本章ではまず，クラゲの発光にまつわる基本について，役割，メカニズム，進化の3つの観点から解説しよう。

クラゲが光る

●クラゲはなぜ光るのか？

　クラゲの生態をつぶさに観察した結果から私がいえることは，おそらくその発光の役割の大部分は，なにかしら「捕食者に食べられるのを避けるため」だろうということである。クラゲが夜になって小さなプランクトンを食べるために表層に上がってくるとき，あるいは真っ暗な深海でずっと生活する深海クラゲにとっては24時間いつでも，光ることは自分の身を守るのに役に立っているようなの

だ。攻撃されたときに光ることで，敵を驚かせるか混乱させるかしているのだろう。例外は，アワハダクラゲのなかま *Erenna sirena* で，彼らは（まるでチョウチンアンコウの提灯のように）獲物をおびきよせるのに光るルアーを使っていると考えられている（後述）。

●クラゲはどうやって光っているのか？

　クラゲは，神経の働きで光ったりそれを消したりをコントロールしている。つまり，私たちが目を開けたり閉じたりするのと同じやりかたである。彼らが何らかの刺激を受けたとき（たとえばつつかれたり叩かれたり周囲の水がかき乱されるなど，敵の接近が予想されるとき），クラゲの神経にスイッチが入り，その情報が体のあちこちにある発光器と呼ばれる特別な器官に届いて光が灯るのである。また，コマクラゲ属 *Euplokamis* のクシクラゲやクロカムリクラゲ属 *Periphylla*（◆図10.1B下）などの一部のクラゲは，発光する細胞が詰まった袋を体表にもっていて，刺激を受けるとこれを海水中に放出する（後述）。これで体のまわりに青色の光の煙幕を作って，自分はその隙に逃げていくという寸法だ。

●クラゲの発光する能力はどうやって進化した？

　発光クラゲの進化について，詳しいことはわかっていない。しかし刺胞動物と有櫛動物がよく似たしくみで発光しているにもかかわらず，進化系統的にみて（後述）この2つの動物群は，それぞれ独立に発光能を進化させたと考えられる。

　さて，これでクラゲの発光にまつわる3つの基本レッスンはおしまい。次は，もう少し深く知りたい人のために，クラゲの光る色について説明しよう。

光の色はいろいろ

　紫色から赤色まで，これまでに知られている発光クラゲの発光する色は実にさまざまである（➡第1章）。ところで，光の色って何だっけ？

　虹はどうして，赤橙黄緑青藍紫と，色の順番が決まっているのかご存知だろうか。ヒトの目に見える光（可視光）は，その光の波長によって色が異なって見える。波長が一番長い光（700 nm くらい）は赤色で，エネルギーがもっとも低く，波長が一番短い光（400 nm くらい）は紫色で，エネルギーがもっとも高い。そしてこれらの波長の間に橙黄緑青藍が並んで，あの虹の七色の順番が生まれる。つまり，光の色の違いとは，光の波長の違いなのである。

　クラゲ研究者のスティーヴン・ハドック博士らが調べたところ，大部分のクラ

ゲは青色に光ることがわかった[1]。実は，海産の発光生物の多くも青色に発光するのだが，その理由の一つは，海水中でもっとも遠くまで届く光の色が青色だからである（水中を進む光が届く距離は，光の色によって異なる）（➡第1章）。ただし，全部の発光クラゲが青く光るわけではない。

おもしろいことに，発光クラゲのなかでもより深いところにいる種は，より短い波長の光を出す傾向がある。そのうちもっとも短い波長の光を出すのは，刺胞動物ハリトレフェス属のクラゲである（✦ 図1.2）。深海に棲むこのクラゲは，見た目はおおよそふつうのクラゲだが，傘のふちが昔のランプシェードについている房飾りのような太くて短い触手によって美しく縁取られており，刺激を受けると，まるでラバライト（訳注：アメリカで流行した現代インテリアランプの一種）のように青紫色（最大発光波長443 nm）に光のうねりが体を走る。実際にこれを見た私の目には，よく熟したブルーベリーの色のように思えた。

先述のアワハダクラゲのなかま E. sirena は，米粒のようなたくさんの発光器が体からぶら下がっているが，その一つ一つの中心部にある発光細胞は，青色光を赤色に変える性質のあるタンパク質性の蛍光物質の層に覆われている[2]。アワハダクラゲはこの赤く光る発光器をピョコピョコと動かして，ヨコエソなどの小型深海魚を誘引していると考えられる。その動きは，私には，まるで釣り糸を投げてはアクションをつけてたぐり寄せる巧みなルアーフィッシャーマンを思い出させた。なお，この発光器の赤く光るようすはカメラには収められていないものの，発見者らは赤い光を確かに観察していると証言している（キャセイ・ダン博士からの私信）。

ここまで，発光クラゲの青色と紫色と赤色の光について説明してきた。では，他にどんな発光色があるだろう？　では次に，世界でもっとも有名な，あの緑色に光るクラゲの話を紹介しよう。

発光クラゲ界のスーパースター

発光クラゲ界のスーパースターが誰なのか，ご存知だろうか？「そんなもの知らない」と言われそうだが，それこそがかの有名な刺胞動物軟クラゲ類の一種のオワンクラゲである。1960年代までワシントン州の沿岸に多く見られたこのクラゲは，次の2つの点で有名だった。一つは，フライデーハーバー研究所の近くで夏に大発生すること，もう一つは，このクラゲの傘のふちには緑色の蛍光性の

ある発光器が点在し、刺激するとその部分が緑色に光ることである。

その頃、下村脩という一人の日本人科学者が、彼の家族と数人のプリンストン大学の研究仲間とともにフライデーハーバーを訪れていた（→コラム5）。彼らの興味は、オワンクラゲの傘のふちが緑色に発光するしくみを明らかにすることであった。彼らは、自作の網を使って、大発生したオワンクラゲを何千何万とひたすら集めては、テーブルにセットした回転式カッターで発光する傘のふちだけを集め、発光に関わるタンパク質の精製を続けた。その結果わかったことは、オワンクラゲは、「イクオリン」と名づけられた青く光る発光タンパク質と、その光のエネルギーを緑色に変換することのできる「緑色蛍光タンパク質（GFP）」をもち、この2つのタンパク質を使って緑色に光っているという新事実だった（→第2章）。もちろんこのとき下村は、この発見が将来の生命科学に革命を起こすことになるとは思っていなかったはずである。

下村にとって、GFPは、発光タンパク質を特定するついでに見つかった、いわば「オマケ」であった（→コラム5）。ところが、のちの科学者が、このGFPが細胞に「光るタグ」をつけるツールとして使えることに気がついた。それが生命科学全体に凄まじいインパクトを与えたのである。このGFPとその応用可能性の発見により、2008年、下村は、ほか二人の科学者とともにノーベル化学賞を受賞することになる。光るクラゲが、生命科学に革命的な進歩をもたらしたのだ（◆図10.2）。

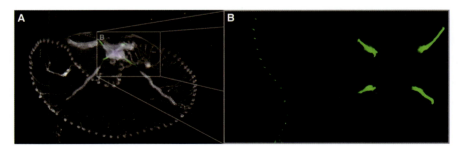

図10.2　軟クラゲ類の一種
A：ふつうに撮影しただけでも緑色蛍光タンパク質の分布がわかる。B：同じ個体に青色光を照射し緑色フィルターを通して写した拡大図。緑色蛍光タンパク質が口の近くにある4本の放射管のほかに、傘のふちの触手根にも分布していることがわかる。このクラゲも緑色蛍光タンパク質のおかげで緑色に発光する。

クシクラゲというクラゲ

　クシクラゲの発光は，私自身の研究テーマの一つであるから，ここに少し詳しく紹介してみたい。クシクラゲ類の大部分の種は発光能をもっているが，これらは刺激を受けると，種に関わらず，みな青〜青緑色の似たような色の閃光を発光器から放つ。刺胞動物のクラゲと違って，クシクラゲの発光の色には，カラーバリエーションがあまりないのだ。

　ただし，閃光以外の光りかたをする種もある。それは，アミガサウリクラゲ（◆図 10.1A 右上）という，私が一番好きなクシクラゲの一種で，その姿は，平べったくて淡いピンク色の二等辺三角形といった感じで，大きな個体はまるでアメリカンピザのラージサイズのようである。そのピザの耳に相当するあたりに彼らの口があり，食事の際にはこれが突如大きく開いて獲物を丸呑みにする。そのようすはまるで日本のアニメーション『千と千尋の神隠し』に出てくるカオナシのようである。このアミガサウリクラゲを刺激すると，壮大な光のスペクタクルを見ることができる（◆図 10.3）。つついた場所から枝管に沿って網目状に光の筋が走り，それが体全体に広がっていくのだ。息をも飲むようなこの光のショーは数秒間続き，見るものに忘れがたい印象を与える。映像作家のマーティン・ドーランがモントレー湾水族館研究所との協力で 2015 年に作成したドキュメンタリー番組 "Life That Glows" には，このアミガサウリクラゲの見事な発光のようすが収められているので，ぜひ見てほしい（ついでに，私の撮影した動画も見てほしい；▶動画 14）。ちなみに，アミガサウリクラゲは日本でも見つかっている

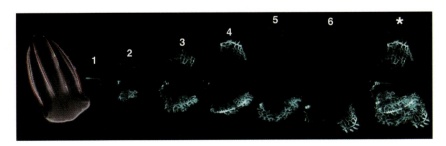

図 10.3　アミガサウリクラゲの発光
大きさは大人の手のひらくらい。1 番のようにたった 1 か所を優しく刺激すると，2 〜 6 のように枝管に沿って光が体全体に広がっていく。星印は，1 〜 6 の重ね合わせ。

動画14 アミガサウリクラゲの発光

ので，日本の皆さんがその発光するようすを目撃する機会もあるかもしれない。

　一方，コマクラゲ属は，先述したように，刺激を与えると光の粒を体外に放出する。チカチカと光る点がパッと広がるそのさまは，私には，まるでミニチュアの花火ショーを見ているような感覚を思い起こさせた。この生物はワシントン州の沖合や北大西洋の冷たい海で見ることができるが，残念ながら日本周辺には分布していない。

　最近，私たちは，全ゲノム解析の結果，有櫛動物がほかのすべての動物と姉妹関係にあることを示すことに成功した[3]。どういうことかというと，クシクラゲのなかまは，すべての動物のなかで最初に分岐したもっとも古い動物グループだということがわかったのである（訳注：動物のなかで最初に分岐したのは海綿動物だと長いあいだ信じられてきたので，この発見はものすごく画期的である）。このクシクラゲのなかまが他の全動物たちの祖先と袂を分けたのは，およそ7億年前と見積もられている。ただし，現在生き残っているクシクラゲの種（先述のとおりそのほとんどが発光する）の最初の祖先が現れたのは3億年前（つまり，7億〜3億年前のあいだに現れた仲間はすべて絶滅している）と考えられる。では，発光するクシクラゲが現れたのはいつ頃なのか？ 3億年より以前から発光する種が存在したのだろうか？ しかし，クシクラゲは化石になりにくいため，化石からそれを推定することは難しく，今のところ答えはわからないままである。

発光クラゲのこれから

　いわゆる「発光クラゲ」には，刺胞動物のクラゲと，それらとは遠い昔に分岐した有櫛動物（クシクラゲ）の両方が含まれている。それらの発光形質がどのように進化したのかはまだわからない。しかし，それらがどのようなしくみで発光しているのかはわかってきた。すべてのサイエンスがそうであるように，この謎多き発光クラゲから，今後どんな新しいことが見つかり，それがどんなふうに役に立つのかは，研究が進むうちにわかってくるだろう。そして，その発見をするのはあなたかもしれない。クラゲたちはその日が来るのを触手を伸ばして待っている。

〔デレン・T・シュルツ 著，大場裕一 訳〕

第11章
富山湾のホタルイカのはなし

ホタルイカとは

　ホタルイカ（蛍烏賊）*Watasenia scintillans*（Berry, 1911）（◆図11.1）はホタルイカモドキ科に属する全長10 cmほどの小型の発光イカ（◆図11.2）で，科名となっているホタルイカモドキ（◆図11.3）も発光イカである。
　イカ類の種数に関しては諸説あるが，世界に約450種が報告されており（最近の研究では種数が増えているようだ），そのうち約180種が発光イカである[1]。イカ類の約40％が発光する能力をもっているなんて驚きだ。なかでもホタルイカは特殊で，3種類もの発光器をもっている。数多くいる発光生物のなかでも，3種類もの発光器をもつ種は珍しい。
　このような発光イカが大量に生きたまま確実に捕獲されるのが，富山湾のホタルイカなのである。
　ホタルイカが，日本の発光生物のなかでも有名であることに異論はないであろう。その理由は，ホタルイカが発光生物には珍しく水産資源となっているからで

図11.1　ホタルイカのメス

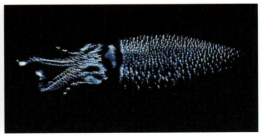

図11.2　ホタルイカの発光（腹面）

図 11.3　ホタルイカモドキ

ある。富山湾では，毎年，春になると大量のホタルイカが産卵のために接岸してくる。それを古くから小型定置網で漁獲しており，富山県が定める「富山県のさかな」の一つにも選ばれている。読者のなかでも，ホタルイカを食べたことのある人は多いであろう。つまり，食品として古くから流通しており，その名前が広く一般に知られてきたのである。また研究分野でも，明治 38（1905）年に渡瀬 庄三郎博士（東京帝国大学理科大学）が富山湾に来てホタルイカを研究し，発光生態などについて動物学雑誌に発表したことから[2]，世界の発光生物研究者などに知られるようになった。

　本章では，水族館職員であった私が見つめてきた富山湾のホタルイカについて，その生活史や 3 種類の発光器の意味，そして残されている謎などを紹介しよう。

ホタルイカの生活史

　ホタルイカは日本の周辺海域に広く分布し，なかでも日本海側全域と太平洋側の駿河湾以北に多く生息している。富山湾の沿岸域にホタルイカが群れで押し寄せてくる時期は 3 〜 5 月が中心で，そのほとんどが腹に成熟卵を抱えたメス親である。すでにオスとの交接を済ませ，頸部（背中側の前方部）には精子塊（精子が詰まったカプセル）がついており，産卵の場所を求めて沖合の海域から移動してくるのである。

　ホタルイカが産卵に集まってくるのは，富山湾のなかでも主に中央〜東部の沿岸域（射水市，富山市，滑川市，魚津市）で，このあたりは岸近くから急激に深くなる海底地形をしている。産卵期のホタルイカは水深 200 m ほどの海域に集まってくることが知られており，急深な富山湾の海底地形がホタルイカの産卵に適しているのであろう。

　富山湾沿岸域に集まってきたホタルイカは，日中は海底の水深が 200 〜 300 m の深場で過ごし，夕方から夜にかけて接岸・浮上して水深 100 m より浅い海域で産卵する。産卵後は，夜のうちに再び深場に戻る。ホタルイカの抱卵数（メス親の卵巣内にある卵の数）は最大 20,000 個ほどで，1 回の産卵数が約 2,000 個とい

うことがわかっており，数回に分けて産卵する多回産卵と考えられている。

しかし，どれくらいの間隔で多回産卵をしているかはわかっていない。また，産卵期にほとんど姿を見せないオス親はどこに行ったのか（死んだのか，接岸しないのか）や，卵を産み切ったメス親が捕れない理由などもわ

図11.4　ホタルイカの身投げ（写真：小島崇義）

からない。さらに，富山湾沿岸域で産み出されたホタルイカの卵は海流によって日本海の沖合に流されていくが，その後の生活状況や成長してから産卵場に戻ってくる回遊ルートも大きな謎である。産卵期以外は沖合で成長するホタルイカの生態は調査が難しく，不明な点が多いのである。

話は変わるが，富山湾では「ホタルイカの身投げ（◆図11.4）」と呼ばれる現象が古くから知られている。2〜6月の海が穏やかな夜に，大量のホタルイカが富山湾の海岸に打ち上げられる現象である。その原因について道之前充直博士（甲南大学理学部）は，ホタルイカが偏光を見る目をもっていることから，月の光（偏光）を見て方向を決めていると考えた。そして，身投げは月の光がない新月前後に限って起こることから，「月光がなくて産卵後のホタルイカが帰る方向を見失って打ち上げられてしまう」という「迷子説」を提唱した。

ホタルイカの発光器と発光

ホタルイカの発光器や発光について最初に報告した渡瀬庄三郎博士は，その論文の中で，ホタルイカの発光器が3種類あり，これらを「い：基脚発光器，ろ：眼球発光器，は：皮膚発光器（◆図11.5）」と命名して，図入りで紹介している[2]。現在はそれぞれを，腕発光器，眼発光器，皮膚発光器と呼んでいる。本節では，その3種類の発光器の違いについて説明する。

● 腕発光器

腕発光器（◆図11.6）は一番腹側にある左右一対の腕（第4腕）の先端部付

III 海の発光生物

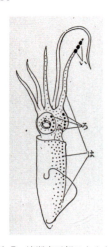

図 11.5 渡瀬庄三郎によるホタルイカの発光器の図解[2] 右側が腹側で，上が前方である。

近に 3 個ずつあり，その一つ一つは楕円形で長さ約 1 mm と大型である。死んだホタルイカでは，黒色素胞が発光器を包み込んで真っ黒いゴマ粒のように見える。生時は，この黒色素胞が縮んで中にある黄白色の発光体が露出している。

　腕発光器は，ホタルイカの体に触れるような刺激を受けると強く光り続けることから撮影しやすい。そのため，「ホタルイカの発光」としてマスコミなどで取り上げられる写真や映像は，この腕発光の場合が多い。最近多く見かける「身投げのときに砂浜に打ち上がって，青い帯のように光っている状況（◆図 11.4）」の光も，ホタルイカが苦しみながら発する腕発光である。このように強い光を発することから，発光の役割については古くから「外敵に対する目くらまし」というのが定説となっており，私もそう思っていた[3]。イメージとしては，暗い海中でホタルイカが腕発光器を強く光らせると，外敵の魚などはその光に驚くとか，目が眩むという感じである。人でいえば，暗闇で急に強い光を当てられた状況を想像すればよい。

　しかし，私は釣りを趣味としており，夜釣りや深海釣りでは蓄光ビーズや発光ライトを使うと魚が寄ってくることを知って，「ホタルイカの腕発光で逃げる外敵はいるのか？ 逆に寄ってくるのでは？」と，「目くらまし」という定説に疑問を感じた。さらに，私が魚津水族館で行っていた「ホタルイカ発光実験」というイベントでは，観客の目前で水槽内のホタルイカを手で捕まえて腕発光器を強く光らせるのだが，それを水槽内に放すと発光がたちまち消えるのである。そのときに，「外敵を驚かせるなら，光り続けなきゃいけないはずだ」と考えた。

　そこで，水槽内で観察実験を行っ

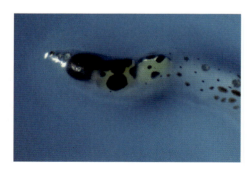

図 11.6 腕発光器

た。その結果，普段のホタルイカは腕発光器の黒色素胞は縮んで発光体が露出した状態で泳いでいるのだが，棒で体をつついて刺激すると腕発光器を一瞬強く光らせた直後に光を消して泳ぎ去ることがわかった。このときの腕発光器は，黒色素胞に覆われた黒い粒になっていた（▶動画 15）。これをもとに自然界をイメージすると，ホタルイカは外敵を見つけると（イカ類は非常に目がよい），まずスミを吐く。イカ類のスミは海中で塊となってダミー（囮）となる。しかし，ホタルイカが暮らす暗い海ではスミの効果が薄い。さらに外敵が迫って体に触れられたとき，今度は外敵の目前で腕発光器を強く光らせて残像を作り，ホタルイカ自身は光を消して逃げ去るのではないか。おそらく発光自体を急には止めることができないため，黒色素胞を使って瞬時に光をシャットアウトしているのだろう。私は，腕発光器の発光の役割として，この「光を使った囮」仮説を提唱している（➡ 第 3 章）。

動画 15　ホタルイカの腕発光器にある黒色素胞が伸び縮みするようす（撮影：南條完知）

● 眼発光器

　眼発光器（✦ 図 11.7）は眼球の腹側に 5 個が一列に並んでおり，直径は約 0.5 mm で両端の 2 個がやや大きい。眼発光器全体の形状はお椀型で，黒色素胞はなく，一つ一つは真珠のように白い。私はこれまでホタルイカの発光をたくさん観察し，写真撮影もしてきたが，通常で眼発光器が光るのを見たことがない。ただ，眼球が収まっている頭部の半透明な筋肉を切り開いて眼発光器を露出させると，ぼんやりと弱く光っていた。このときは皮膚発光器も光っており，両発光器は同調的に光っているように思われた。しかし，眼発光器はその上を半透明の筋肉に覆われているので，光は遮断（拡散）されて外から見えなくなっているようだ。

　眼発光器は，サメハダホウズキイカやユウレイイカなどの発光イカ類にも見られる（✦ 図 11.8）。これらのイカは，ホタルイカに比べて眼発光器がよく発達しており，全身は透明で皮膚発光器をもっていない。このこ

図 11.7　眼発光器

図11.8 サメハダホウズキイカの眼発光器

とは，ホタルイカの眼発光器が眼球の大きさの割には小さくて個数も少なく，全身が半透明で皮膚発光器が全身に多数点在していることと対照的である。

　以前，ホタルイカの成長と発光器のできかたに興味をもち，日本海の沖合で捕獲された稚イカの標本を数多く調べた。すると，成長過程では最初に眼発光器が現れ，大きくなるにつれて皮膚発光器が眼球周辺も含めた全身に発達してくることがわかった。これらを総合して考えると，体がほぼ透明な稚イカは眼球の影だけを消せばよいが，成長につれ体が不透明になってくると，皮膚発光器を全身にちりばめて体の影も消せるようになる（次項の「カウンターイルミネーション」の説明を参照）。皮膚発光器は眼球周辺にも発達してくるので，その頃にはもう眼発光器の役割が終わっており，成体では眼発光器が小さくて数も少ないままなのであろう。

● 皮膚発光器

　発光イカ類の皮膚発光器（◆図11.9）の役割については，ホタルイカの近縁種を使った船での捕獲実験による有名な先行研究があり，そこでの結論は「薄暗闇の中でできる腹側の影を消すため（カウンターイルミネーションと呼ばれる）」だとされていた。なお，ホタルイカに限らず，海の中深層（水深200〜1,000 m）にいる発光生物では腹面に発光器をもつ種が多く，これらの発光の役割も同様にカウンターイルミネーションだと考えられている（➡第3章）。では，同様の実験ができないホタルイカの場合はどうだろうか。

　ホタルイカの皮膚発光器は，一つ一つが小さく，外套膜（胴）と頭部，漏斗，第3，4腕の腹側を中心に分布している。

　そもそも私がホタルイカ研究の

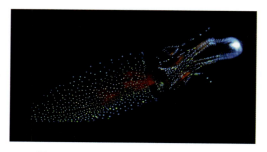

図11.9 青と緑の皮膚発光（右上は腕発光）

道に入ったのは，写真で撮った皮膚発光に，「青色および水色（青系）」と「緑色」の光が写っていることを知ったのがきっかけで（◆図11.9），気になって皮膚発光器について詳しく調べてみた。

まず，皮膚発光器を双眼実体顕微鏡で光を当てて観察してみた。その結果，発光器の数はオス（6個体）で842〜1,055個，メス（9個体）では950〜1,123個で，体の大きいメスのほうがやや数が多かった。

発光器の形状は球形で，発光器の側面を囲むように黒色素胞があり，この色素胞が伸縮することで光量調整をしているようだ。大きさは大・中・小の3サイズに分けられ，それぞれの直径は約0.23 mm，0.18 mm，0.15 mmで，さらにそれぞれの微細構造も若干異なる。また，発光器の中心部分の色は，大と中サイズはすべて青系なのに対して，小サイズには青系と緑色が混じっていた（◆図11.10）。

皮膚発光器の分布，密度や向きを調べたところ，体の影ができやすい下方向に向かって強く発光できるように発光器の分布が腹側に集中しており，側面には少ないことが確かめられた。

これらの結果から私は，ホタルイカの皮膚発光は体の影を消すカウンターイルミネーションの役割に使われていると結論づけて，横須賀市自然・人文博物館の研究報告に投稿した[4]。その際に，発光生物研究の世界的な権威である羽根田弥太博士に校閲していただいた。また，同博物館の学芸員でホタルの研究者である大場信義博士とさまざまな発光生物について議論する機会が得られ，ホタルイカの発光器の役割などについて多くの示唆をいただいた。

同じ頃，皮膚発光器の色の研究が縁で，ホタルイカの目の研究をしていた鬼頭勇次博士（大阪大学理学部）や前出の道之前允直博士との交流が深まった。鬼頭博士と道之前博士は，ホタルイカの目が青色，水色，緑色のそれぞれに相当する波長の光を識別できる視覚をもつことを発見し，その論文は「世界ではじめて「色」を感じるイカ・タコ類を発見した」ということで世界的に驚きをもって受けとめられた[5]（複数の異なる波長の

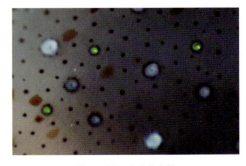

図11.10　皮膚発光器

光を感知することが「色を識別する」という能力であり、単一の波長の感知では明暗しかわからない）。

　海に棲むほとんどの発光生物の発光は青色の単色であるが（➡第1章），前述のとおりホタルイカは青系と緑色の異なる色の光を発することを考えると，ホタルイカに同様の色覚があるという事実はたいへん興味深いことである。

ホタルイカの発光メカニズム

　ホタルイカの発光メカニズムは，① 外部に開口していない3種類の発光器をもち，② ホタルイカ特有のホタルイカルシフェリンとホタルイカルシフェラーゼが関与するルシフェリン−ルシフェラーゼ反応で（➡第2章），③ ホタルイカルシフェリンは体内を循環して使われていることが特徴として挙げられる。

　ホタルイカは，ホタルイカルシフェリンの素となる物質（ホタルイカプレルシフェリン：セレンテラジン）を，餌となる深海性の動物プランクトンから得ていると考えられている。さらに，体内で作られたホタルイカルシフェリンは発光器と肝臓のあいだで循環し，リサイクルされているという報告がされている[3]。

ホタルイカ発光の謎

　私は魚津水族館で生きたホタルイカの発光を観察しながら，発光の役割を探究求してきたが，長期の飼育実験ができないホタルイカの発光の謎解きは奥が深く，妄想は膨らむ[6]。

　たとえば，「皮膚発光器を光らせることで，本当に姿が見えなく（見えにくく）なっているのだろうか」「腕発光器は具体的にどのような状況で使われているのか」「ほかのイカ類が見えない緑色の光の役割はなんだろう」など，実際の海中でのようすをイメージして考えると次々と疑問が出てくる。

　薄暗い海中でできるホタルイカの体の影って，どんな感じなのであろうか。ホタルイカは小さいし，その影は数mも離れれば外敵に感知されることはなさそうに思える。だとすると，影を消すのを1個体で考えるより，ホタルイカの群れをイメージして「大きな黒い雲のような群れの影を消している」と考えたほうがよいのではないだろうか。このように，「外敵の目からどのように見えるのであろうか」と考える場合は，その外敵の目の機能を知る必要があるが，まだそこま

では至っていない。人間の目の感覚で語るのは，実状と異なる心配があり要注意である。

　一方，ホタルイカ同士が群れを作る際の相互認知に，自身の発光を利用している可能性はないのだろうか。ホタルイカは互いに，仲間が発する光を見ることができる。さらに，ホタルイカだけが緑色の光を出して，それを見る目をもっていることから，ホタルイカ同士で何らかのコミュニケーションに利用しているようにも思えるのだが，まだ実験はできていない。

　そもそも進化の過程で，どうしてホタルイカだけが緑色の光を身につけたのかも気になる。考えるほどにホタルイカの発光の謎は「沼」状態である。

　残念ながら，30年以上も前に私がホタルイカ研究に関わるきっかけとなった「緑色の光の謎」さえ残ったままなのである。後進の研究に期待したい！

〔稲村　修〕

コラム 6

台湾の発光生物

台湾と馬祖諸島

　台湾は，東アジア島弧のおよそ中央に位置し，西には中国大陸，北には日本の琉球列島，南にはフィリピンを控えた，四方を海に囲まれた島である。南北に長く，緯度的には亜熱帯から熱帯までが含まれ，さらに 3,000 m 級の山もあるため，山間部では寒冷な草原気候もみられる。この多様な気候条件ゆえに，台湾には独自の動植物相が発達しているものの，そこに棲む発光生物については体系的に調べられたことがなく，一部ホタルのなかま，発光きのこのなかま，ヤコウチュウなどで詳しい研究があるのみであった。

　私は，台湾の発光生物を長年にわたって観察してきたが，調べたかぎり，ホタルを含めた陸生発光生物がこれまでに 80 種以上も認められている。最近，中国大陸に近接する馬祖諸島へオオメボタル科 Rhagophthalmidae の昆虫（以下，オオメボタル）を調べに行ったところ，この小さな島からなんと 7 種の陸生発光生物と 23 種の海産発光生物が見つかっていることを知り，たいへん驚いた[1,2]。

　私は，2017 年に訪れた日本の八丈島（➡コラム 8）で，その多様な発光生物の深い魅力に目覚めた。しかし，私たちの馬祖諸島も，実は八丈島に匹敵するほど発光生物にあふれた素晴らしい島であることを，私は後から知ることになったのである。そこで本コラムでは，未だ知られざる台湾本島と馬祖諸島のさまざまな発光生物たちについて，私が見聞きした最新の知見を日本の皆さんに紹介しよう。

年間を通じて見られる台湾のホタル

　もっともよく知られた発光生物がホタルであることは，台湾でも変わりはない。台湾におけるホタル研究の歴史は 110 年以上に及び，ヨーロッパ，日本，そして最近では台湾の研究者による研究の結果，現在までにホタル科だけで 15 属 52 種が認められている（国立自然科学博物館・鄭明倫博士，私信）[3]。このホタル科における高い多様性のおかげで，台湾では，いろいろな種のホタルが舞う光景を一年を通じて入れ替わりに見ることができる（▶動画 16 ～ 20）。

　黒翅螢 *Abscondita cerata* は，3 ～ 5 月頃，山あいの開けた場所や小川のま

コラム6　台湾の発光生物

動画16　黒翅螢 *Abscondita cerata* の発光

動画17　紋胸黒翅螢 *Luciola filliformis* の発光

動画18　黄胸黒翅螢 *Aquatica hydrophila* の発光

動画19　端黒螢 *Abscondita chinensis* の発光

動画20　鋸角雪螢 *Diaphanes lampyroides* の発光

　わりにある草地などに出現する種である．分布も広く個体数も多いため，台湾本島におけるホタル観賞の主役といってもよいだろう．オスは0.7～0.9秒間隔の素早い黄緑色の光で点滅を繰り返しながら飛翔し，その活動時間は2時間以上も続く（◆図1）．一方，メスは地上の草陰などに隠れていて，点滅はゆっくりである．

　大陸窓螢 *Pyrocoelia analis* は，3～10月に見られるが，もっとも数が多いのは8～9月である．農地や草地，海岸の防風林などに生息し，乾燥や高塩分濃度といった過酷な環境にも耐性がある．人家に近いところに生息するため，オス成虫が家に飛び込んでくることや，野菜についたままパックされてスーパーマーケットの野菜売り場に並んでいるのが見つかることもある．

　短角窓螢のなかま *Diaphanes* spp. は，主に秋～冬に中高山帯に現れる．なかでも神木螢 *D. nubilus* は，ときには標高3,000 mの場所でも見られることがある．台湾中部や南部の森林でよく

図1　黒翅螢の発光するようす

見られる鋸角雪螢 D. lampyroides は，持続的な黄緑色の発光が特徴的な種で，写真に撮ると光の軌跡が長い線状になる（◆図2）。この写真のように無数の光の点がゆっくりと流れながら交差する独特の景観は，他のホタルとはまた違った魅力がある。

　台湾のホタルツアーの歴史は，阿里山で1989年に始まった。その後，地方自治体の依頼で専門家によるホタルの調査が行われ，ホタルツアーは地域の観光産業として根付くことになった[4]。阿里山におけるこうしたホタルの保全と観光を両立させた地域振興の成功は，ホタルツーリズムの素晴らしいモデルケースの一つといってよいだろう。このホタルツーリズムの人気は現在も続いており，今では台湾全体に広がってきている。

変わった生態のオオメボタル

　オオメボタル科（台湾では「雌光螢」と呼ばれる）は，アジア地域にのみ分布する比較的小さな発光性の甲虫の一グループである（➡第6章）。台湾におけるオオメボタルの最初の報告は1996年で，現在では5種が認められているが，うち2種は馬祖諸島のみに分布している[1]。いずれの種でも雌雄の姿が大きく異なっているのが特徴で，オス成虫は翅があり飛べるが発光は弱く，強く発光するメス成虫は翅がないため飛ぶことができない。飛翔発光がみられないのであまり注目されることはないが，その奇妙な生態を一度知れば，誰しもその不思議さに驚かされるだろう。

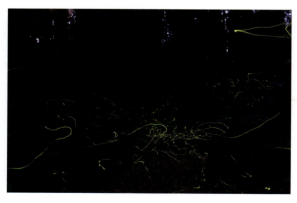

図2　鋸角雪螢の発光するようす

コラム 6　台湾の発光生物

　オオメボタルのメス成虫を見つけるのは簡単だ。繁殖期の夜になると，メスは尾部を高く持ち上げ，持続的な緑色（最大発光波長 538〜554 nm）の光を放つ腹面の大きな発光器を，オスに対して誇示する（◆図3）。一方，オス成虫を目撃することは珍しく，メスの光に誘引されて来るところをまれに見る程度である。メスの光に気づいたオスは，

図 3　発光するオオメボタルの一種，東莒黃緣雌光螢 *Rhagophthalmus giallolateralus* のメス成虫 右下の囲みはそのオス成虫。

低空飛行でメスに近づき，着地して交尾が成立する。私の観察によると，この光に誘引されてくるオスはメス1頭に対して1, 2頭であることが多いが，一度だけ，1頭のメスに30頭以上ものオスが集まってくるのを見たことがある。

　交尾が成立すると，メスの発光パターンが変化しはじめる。尾部にあった大きな発光器の光が徐々に消えるとともに，背中の正中と体側に並んだ32個ほどの小さな発光器が持続的な発光を始める。この体側発光器の発光は，その後の産卵や抱卵行動のあいだも続くことから，捕食者に対する警告の役割があると考えられる（◆図4）。それというのも，メス成虫は，刺激すると尾部をひねってその先端から嫌な匂いのする茶色の液体を放出する（▶動画21）。オス成虫や幼虫もこれと同様の行動をすることから，このオオメボタルの出す物質には防御の働きがあるようだ。

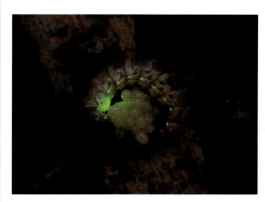

図 4　抱卵中のオオメボタルメス成虫の発光
メスはこのまま1〜2か月生きながらえて，孵化まで卵を守る。

動画 21 雌光螢 *Rhagophthalmus beigansis* メス成虫の防御行動

オオメボタルが奇妙なのは，成虫だけではない。幼虫はヤスデだけを食べ，夜になると，交尾後のメス成虫のように体側の発光器を光らせながら地上を這い回って餌を探す。ただし，その発光は弱く，幼虫を野外で探し出すのは容易ではない。獲物のヤスデを見つけると，オオメボタルの幼虫は，すぐさま大顎で相手の触角に嚙みついて毒液を注入し麻痺させる。さらにヤスデを引きずり回して相手が動かなくなると，しがみついたままその体節を一つずつ外しながら，内臓を食い尽くすのである。

オオメボタルの成虫は，馬祖諸島では3〜5月の霧の多い時期に現れる。この島には，他のホタルがほとんどいないため地上のメスを観察しやすく，馬祖諸島はオオメボタル観察のスポットとして有名になった。しかし，そのせいでハビタット（生息場所）に道路が作られ，外灯が設置され，ツアー客のための宿泊施設が建てられたことで環境が破壊された。その結果，たくさんいたオオメボタルはすっかり減ってしまい，完全にいなくなってしまった場所もある。しかし，政府や研究者や陸軍省，市民団体などの協力により，案内板の設置や解説資料[5,6]の作成，啓発活動，外灯の光源の改善などが進められ，ついに2022年5月「馬祖諸島オオメボタル野生保護区」の設立が公告された。

発光きのこ

台湾では少なくとも20種の発光きのこが確認されている[7]。過去10年間にも墾丁小菇 *Mycena kentingensis*（✦図5）など新種4種が発表され，新たな観察記録や未記載種の発見も続いている（▶動画22，▶動画23）。

台湾でもっともよく見られる発光きのこは，竹林などに現れるヤコウタケ *Mycena chlorophos*（➡コラム8，第4章）で（▶

図5 墾丁小菇の発光
傘のみに発光が見られる。

コラム 6　台湾の発光生物

動画 22　星光小菇（ホシノヒカリタケ）*Mycena stellaris*　　　動画 23　納比新假革耳　*Neonothopanus nambi*

動画 24　發光小菇（ヤコウタケ）*Mycena chlorophos*

動画 24），発光が強く観察しやすいことから，阿里山や墾丁などの地域では，発光きのこ見学イベントが開催されている。興味深いことに，本種の発光には地理的な違いが認められており，台湾中南部では子実体がよく光っているが，台湾北部では菌糸のときにしか発光するようすが観察されていない。

　そのほか，枯れ葉に生える小さなヌナワタケ属の発光きのこ *Roridomyces* spp. も，光が弱く目立たないながら，あちこちで見ることができる。この種は発光きのこには珍しく，子実体ではなく胞子が発光する。したがって，注意深く観察すると，胞子が付着した子実体の柄や，基部の枯れ葉や水滴，土の表面など一帯が光っているのがわかる（◆ 図 6）。

　私の経験によると，こうした発光きのこの出現には降雨が大いに関係している。とりわけ，大雨や台風の後 2〜3 日してからが，もっとも見つけやすい。また，発光きのこの表面に水をかけると，光の強さが増すことがあり，その際には 1〜2 分待つとその効果が出てくる（元国立中興大学・高孝偉博士からの私信）。菌類の発光は弱い場合も多く，とくに菌糸や傘が開く前の子実体の発光は微弱なので，暗さによく目を慣らしてから注意深く観察してみてほしい。そうすれば，発光きのこが台湾のどこにでもあることに気がつくだろう。

図 6　ヌナワタケ属の一種
落ちた胞子が発光している。

馬祖諸島の青く光る海

　発光性の渦鞭毛藻が台湾で最初に記録されたのは，1697年の『裨海紀遊』（17世紀の台湾を描写した地理書紀行文）で，その中に澎湖諸島（台湾本島の西に浮かぶ島々）の海が発光しているようすが書かれている。馬祖諸島では，この渦鞭毛藻による海の発光現象が安定して観察されるが，あるとき，それを「藍眼涙」（青の涙）という見出しでインターネット記事にした人がいて，たいへん話題になった。それ以来，このロマンティックな呼び名が定着し，馬祖で大人気の観光資源となって現在に至っている。

　この「藍眼涙」の原因となる渦鞭毛藻の正体は，大発生したヤコウチュウ（➡第1章）*Noctiluca scintillans*，すなわち赤潮であり，海岸を昼間に見ると水が赤く染まっているのがわかる。なぜその大発生が，馬祖諸島の海岸で頻繁に起こるのだろう。それは，馬祖諸島が中国大陸の川である閩江の河口に近いためだと考えられている。閩江からもたらされる珪酸塩が珪藻を増加させ，それを餌とするヤコウチュウを増殖させるのだ（✦**図7**）。加えて，海水温が適当（27℃以下）であることも大量増殖の重要な条件だと考えられる。そうして増えたヤコウチュウが，潮の流れや風向きのせいで馬祖の海岸に集められるのだろう[8]。

　今や，馬祖の「藍眼涙」体験イベントは，さまざまな展開をみせている。波打ち際で観察する以外にも（▶**動画25**），小型の観光ボートを使ったツアーや（▶**動画26**），海水が侵入した軍用坑道を伝統的な釣り船で漕ぎながらめぐるアクティビティー（▶**動画27**），さらには，バーチャルリアリティー映像とともに人工養殖さ

図7　「藍眼涙」の景観

動画25　砂浜で光る「藍眼涙」ヤコウチュウ *Noctiluca scintillans*

動画26　観光ボートによる「藍眼涙」ツアーのようす

コラム 6　台湾の発光生物

　動画 27　軍用坑道を釣り船でめぐる「藍眼　　　動画 28　藍眼涙生態館におけるヤ
　　　　　涙」アクティビティーのようす　　　　　　　　　　コウチュウの生体展示

れたヤコウチュウを室内で観察できる「藍眼涙生態館」なるアミューズメント施設さえもある（▶動画 28）。「藍眼涙」は，まさしく馬祖を代表するエコツーリズムの代名詞となったといっても間違いないだろう。

　馬祖諸島にはもう一つ，「星沙」（星の砂）と呼ばれる海の発光現象が知られている。星の砂というと，日本では星砂（その正体は有孔虫ホシズナの死骸）を思い浮かべるかもしれないが，そうではない。馬祖の海岸では，ウミホタルの一種（➡第 12 章）が干潮時の砂浜に打ち上げられ，そこを人が歩くと砂のあちこちが青く光る美しい光景を見ることができる（✦ 図 8）。そのようすはヤコウチュウの瞬間的な光りかたとはまた趣が違い，「星沙」という呼び名で，これまた馬祖の夏には欠かせない重要な観光資源となっているのである（▶動画 29，▶動画 30）。なお，馬祖で見られるこのウミホタルのなかまは，遺伝子解析の結果 *Cypridina dentata* であると考えられる（大場裕一氏からの私信）。

図 8　「星沙」の景観
その発光は 2 〜 3 秒以上も続くので，瞬間的な発光をするヤコウチュウとは見た感じが異なっている。

動画 29　歯形海螢 *Cypridina dentata* の発光　　動画 30　砂浜で光る歯形海螢

動画 31　ヒラタヒゲジムカデ *Orphnaeus brevilabiatus* の発光　　動画 32　イソコモチクモヒトデ *Amphipholis squamata* の発光

発光生物の調査は驚きと興奮の連続

　発光生物の調査をしているというと，必ず質問されることがある──「夜一人で調査していて，怖くはないですか？」しかし，発光生物の調査は，驚きと興奮の連続である。ホタルや発光きのこ以外にも，ムカデ（▶**動画 31**），巻貝，クモヒトデなど（▶**動画 32**），自然のなかの発光生物たちは，私たち見る者に無限の想像力を与えてくれる。だから，発光生物を探すことは，私にとって旅の一番の楽しみと言ってもよいくらい重要なことなのだ。読者の皆さんも，人生の中で何か一つ「光り輝くもの」を探す旅の目標が見つかることを願っている。

〔方　華徳 著，大場裕一 訳〕

第12章
ウミホタルのはなし

　波の静かな入り江。夏の堤防。夜空には満天の星。海に目をやると，青白い雲のような光がぼんやりとたなびいていた。それがはじめてウミホタルを見た日のことである。暗い夜の海で，時折驚くほど明るく光る姿を見て，小さな生き物がこんなにも美しく光るのかと感動したのを覚えている。

ウミホタルとは

　ウミホタル（*Vargula hilgendorfii*）（◆図 12.1）はその名前にホタルとつくが，いわゆる昆虫のなかまではなく，エビやカニと同じ甲殻類である。貝形虫綱ミオドコーパ亜綱ウミホタル目ウミホタル科に属し，成体でも大きさ 3 mm ほどと，とても小さい。二枚貝のような形をした無色透明の背甲に付属肢や内臓などが包まれた体のつくりをしており，付属肢は 7 対でそれぞれ遊泳や摂食，感覚受容などの役割を担っている。また 1 対の尾叉をもち，砂を掘ったり餌を小さく切り裂いたりするときに使う。光を感じる器官として発達した 1 対の複眼をもつ（◆図 12.2）。そして，何よりの特徴として，青白く光ることが挙げられる（◆図 12.3）。

　ウミホタルは夜行性である。日中は砂の中に潜ってじっとしているが，日が沈むと砂から出て泳ぎ回り，餌を探して食べたり，繁殖をしたりする。波の穏やかな砂地の海に暮らしているが，どこにで

図 12.1　ウミホタルの光学顕微鏡写真（成体のメス）
背甲内に卵がたくさん見える。

III 海の発光生物

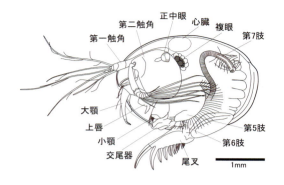

図 12.2 ウミホタルの解剖図（成体のオス）
左殻を取り除いた状態。文献1をもとに作図。

もいるというわけではない。砂の中に酸素が十分に行き渡り，塩分（とくに低塩分への）変化が少なく，泥分が少ない環境が適しているとされる[2]。分布域は北海道および東北地方の太平洋側を除く日本全国。海外では南シナ海やセレベス海の沿岸からの報告がある。

主な餌は死んだ生き物であるとされるが，生きたゴカイなどに集団で襲いかかって食べることもある[3]。餌を食べている姿はまるで獲物に群がるピラニアのようであり，そのようすを見るとウミホタルが数 mm の生き物でよかったとつくづく思う。一方で，死んだ生き物をきれいに食べつくすことから，海の掃除屋としての一面ももっている（◆ 図 12.4）。餌を探すのは夜間であるため，視覚ではなく化学的な感覚に頼って餌を探していると考えられている。とくにアデニンヌクレオチドを含む化合物（ATP など）がウミホタルの摂食行動を促すことが知られている[4]。すなわち，生き物が死んだり傷を負ったりすることで，生命活動のエネルギー通貨である ATP などが細胞外に放出される

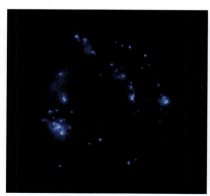 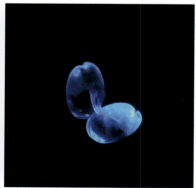

図 12.3 採集したバケツの中で光るウミホタル

第12章 ウミホタルのはなし

図 12.4 死んだ小魚に群がるウミホタル（左）
右：30 分後，小魚は骨だけになった。

と，それを感知してウミホタルが集まってくるというわけである。

　小さな生き物であるがちゃんとオスとメスがあって交尾によって繁殖する。メスはオスから受け取った精子を貯精嚢にためておくことができるため，1度交尾をすると何度も受精卵を産み出す。受精卵は背甲内で保護され，16日間（水温24℃の場合。水温が低いともっと長い）で幼体が孵化する[5]。幼体は5回の脱皮を経て成体になる。寿命は越冬するかしないかで大きく異なり，越冬個体群ではメス10か月，オス9か月であり，非越冬個体群ではメス2か月半，オス2か月であると推測されている[6]。

ウミホタルはどうやって光るのか？

　ウミホタルはその発光メカニズムがもっともよくわかっている生き物の一つであり，数多くの書籍に詳しく記述されている。また，私もその道の専門家ではないため，ここでは簡単に紹介するにとどめる。ウミホタルの発光はルシフェリン-ルシフェラーゼ反応である。ルシフェリンとルシフェラーゼは口の上（前）側にある上唇の分泌腺（上唇腺）に別々に蓄えられており，刺激を受けると上唇にあるノズルから海水中へ放出

図 12.5 発光能力のあるウミホタル
ルシフェリンの蓄えられている上唇腺が黄色いことがわかる。複眼の右下のほうには寄生虫のウミホタルガクレ（等脚類）が見える。

される。両者は体外で混ざり合い，ルシフェリン（基質）と海水中の酸素がルシフェラーゼ（酵素）によって結びつくことで青白い光を発するのである（➡第2章）。上唇腺内にあるときのルシフェリンは黄色く見える（✦図12.5）。

　発光を繰り返すと色が消えて刺激を受けても発光しなくなるが，数時間もするとルシフェリンが補充されて黄色味が戻り，また光るようになる。ウミホタルルシフェリンの研究は戦後日本の有機化学分野の重要なテーマの一つであった。ノーベル化学賞受賞者の下村脩博士（➡コラム5）やフグ毒テトロドトキシンの全合成に成功した岸義人博士などがその研究で博士号を取得している。

ウミホタルはなぜ光るのか？

　ウミホタルはどうして何のために光るのか？　というのは水族館で働いていてよく聞かれる質問である。それに対する返答としては主に2つの役割（生態的意義）が挙げられる。

　一つは身を守ることである。暗い夜の海で，ウミホタルは外敵に襲われそうになったときに光を発して目くらましにすると考えられている。暗いところから明るいところに突然出ると，まぶしくて目が眩むことをイメージするとわかりやすいだろう。また，体外に放出された青白い光が外敵の目をあざむく煙幕や囮のように働いている可能性や，ウミホタルが発光するとまわりの個体が一斉に逃げることが確認されていることから，ある種の警告信号としての働きも示唆されている（➡第3章）。いずれにせよ，ウミホタルは雌雄や幼体成体に関わらず光を発するので，「身を守る」ということが発光の基本的な役割だろう。

　もう一つは求愛行動に関わるとされている。ウミホタルは，らせん旋回や直線状に泳ぎながら光ることがある[3]。私も瀬戸内に住んでいたときに，夜の防波堤で海面付近でぼやーっと光るウミホタルを見たことがある。どうやら，その発光はオスがメスを誘う求愛行動になっているらしい。

　たとえば，カリブ海では約75種（未記載種を含む）のウミホタル類が発光による求愛行動を行うことがわかっている[7]（➡第3章）。しばしば7，8種が同じ時間，同じ場所にいることがあるが，それぞれのオスは種特異的な発光パターンで，同種のメスに対してアピールしているのである（✦図12.6）。一方で，ウミホタルでは発光が求愛に関わると推測されているものの，実際にそれが求愛シグナルとなっているかは確かめられていない。

第 12 章　ウミホタルのはなし

図 12.6　カリブ海のウミホタル類は光を使って求愛する

いつから光るようになったのか？

　生き物が光るというのは，よく考えてみるととても不思議なことである．私たちが目にする生き物のほとんどは光らないことからも，光らないものから光るものが進化してきたと考えるのが自然である．では，ウミホタル類は地球の歴史の中でいつから光るようになったのだろうか？
　貝形虫綱（特にポドコーパ亜綱）は背甲が化石として保存されやすいため，約5億年前の古生代オルドビス紀から途切れずに続く豊富な化石記録がある[8]．化石はその生き物がその時代に存在していたことを示す直接的な証拠である．ウミホタル類はポドコーパ亜綱と比較して化石記録の少ないミオドコーパ亜綱に属し

ているが，それでも化石が見つかることそれ自体が進化の道筋をたどる手がかりになる。アメリカのエミリー・エリス博士は，トランスクリプトームベースの系統解析に化石記録を制約として加え，ウミホタル類の発光行動の起源を調べた[7]。その結果，少なくともウミホタル類は1億9700万年前（中生代ジュラ紀前期）に発光による捕食者回避を行っており，1億5100万年前（中生代ジュラ紀後期）には求愛にも利用するようになったと推定された。すなわち，私たちは，巨大な恐竜が地上を闊歩し，海中ではアンモナイトや海生爬虫類が繁栄した時代から脈々と受け継がれてきた光を見ているのである。私たちが火や電灯を生み出すはるか昔から光を利用していたウミホタルたちには畏敬の念を抱かずにはいられない。

ウミホタルの光を利用する

浅い海に暮らす魚類のキンメモドキ，ツマグロイシモチ，イサリビガマアンコウ属は発光基質としてウミホタルルシフェリンを利用することが知られている。ルシフェリンは基本的に分類群ごとに構造が異なるため，これらは餌として食べたウミホタル類から何らかの方法でルシフェリンを取り込んでいることになる。このように他の生物の発光物質を利用して光ることを半自力発光という[9]（➡コラム7）。一方で，これらの魚が使っている発光酵素についてはわかっていなかったが，最近になって，キンメモドキの発光酵素がウミホタルルシフェラーゼであることが明らかとなった[10]。さらにこの研究では驚くべき現象「盗タンパク質」が報告されている。ふつう，生き物が食べた餌は消化の過程で分解されてしまうので，餌生物のタンパク質がそのままの形で利用されることはない。ところが，キンメモドキはウミホタルルシフェラーゼを餌のウミホタルから取り込み，その機能を「盗んでいる」ことがわかったのである。この発見は，世界ではじめて魚類のルシフェラーゼの実体を明らかにしただけでなく，これまでの生物学の常識を覆したのである（➡第15章）。

ウミホタルの光を利用しているのは魚だけではない。私たち人間もウミホタルの光を利用している。最近では，医学分野で応用研究が進み，ウミホタルルシフェラーゼを使ってがん細胞を発見する技術などが開発されている。一方で，太平洋戦争中にもウミホタルの光が注目されていた。ウミホタルのルシフェリンとルシフェラーゼは乾燥させると発光活性を保存しておくことができ，水を加えると

比較的長い時間光らせることができる。この性質に目をつけたのが旧日本軍である。ウソのような本当の話だが，終戦間際になって，旧日本軍は乾燥ウミホタルを戦地での携帯用の灯りに利用しようとしたのである[3]。ウミホタルは防諜のために「ヒキ」という名前で呼ばれ軍事利用目的で研究された。また，ウミホタルの採集には各地の小学生たちが動員され，大量の乾燥ウミホタルが作られたという。実際のところ，高温多湿の外地の戦線では乾燥ウミホタルの発光活性がすぐに失われてしまうためまったく役に立たなかったようであるが，小さい生き物でも使えるものは何でも使おうとする当時の日本の切羽詰まった状況が伝わってくるエピソードである。

　ちなみに，瀬戸内海から九州にかけての漁師たちは，ウミホタルのことを「ひき」や「しき」と呼んでいたそうである。ウミホタルのコードネーム「ヒキ」はおそらくこれにちなんでいる。たまたま私の義祖母が岡山県の北木島出身だったのでウミホタルの話を聞いてみた。やはり，戦時中に小学校の同級生たちとウミホタルを採集していたとのことだったが，何のためにかは知らされていなかったようである。釣った魚の頭やアラを網に入れて海に沈め，しばらくして引き上げるとたくさん採れたのだそうだ。名前は「ひっきん」と呼んでいたらしい。なんでそう呼んでいたか尋ねると，「よぉわからんが，光るからじゃろう」という答えが返ってきた。光るから「ひっきん」というわけだ。とてもシンプルである。阿部勝巳博士は「ひき」と「しき」の呼称について，紫気から訛って「ひき」となったのではないかと遊び半分で推測していた[3]。紫の気体や雲という表現がウミホタルの発光するさまを捉えているのではないかという考察である。だが，もっと単純に，光るから「ひき」という語源のほうがしっくりとくる。小さな生き物に名前（ましてや地方名）がつけられることはほとんどないが，ウミホタルは光るがゆえに人々の目に触れ生活のなかに溶け込んでいたのだろう。「光る」ということは人の目に留まることのないような小さな生き物にも光を当てる魅力的な現象なのだと改めて感じたのであった。

〔田中隼人〕

第13章
海底で光る生き物のはなし

底生生物：海底に棲む生き物たち

　地面の下にはきのこやミミズ，トビムシやホタルの幼虫などといった光る生き物がいることをみてきた。本章では陸から離れて海の地面，すなわち海底で見つかる生物に焦点を当てる。

　砂地の上にコインが刺さったような姿のスカシカシパンのような生物や，岩場の隙間や石の裏に身を潜めるマダコ，砂地に隠れ獲物を待ち構えるヒラメなどの生物をまとめて底生生物と呼ぶ。光る底生生物には前章で登場したウミホタルのほかにも，砂浜に生息するウミサボテンなどがいる。どちらも浅瀬に生息しており，しばしば水族館で展示されているので見たことがある読者もいるかもしれない。その他の浅海生の底生発光生物には，ウミウシ（ヒカリウミウシやハナデンシャ），クモヒトデ，環形動物（イソミミズ，多くのゴカイのなかま）など，さらにマニアックなところでは，ツツボヤやヒメギボシムシなどが知られている。

　一方で，深海の海底にはどのような発光生物がいるのだろうか。西太平洋モントレー湾で行われた26年にも及ぶ徹底的な調査では，深さ200〜4,000 mの海底に生息する生物のうち，個体数の30〜41％が発光することが明らかとなった[1]。深海の海底には，サンゴとナマコがそれぞれ15％および11％と大きな割合を占めているが，その多くが発光することが示唆された。他にも，ソコダラや，アオメエソなどの魚類や，ヒトデやウミユリ，イソギンチャクなどが主要な深海底生発光種であることが報告された。また，2020年には，新たに海綿動物門（スポンジ）ではじめて発光種が報告された[2]。海底の砂（泥）の中に生息する生物や深海に生息する生物では，発光能力が試された例は少ないので，今後ももしかしたら門レベルで新しい発光生物が見つかるかもしれない。

多様な発光生物のうち，本章ではウミウシ類とクモヒトデ類，ゴカイ類，サンゴ類について紹介する。

ウミウシ

海の無脊椎動物のなかでも圧倒的な人気を誇る軟体動物といえば，ウミウシだろう。頭に生える2本のツノや色鮮やかな模様，柔らかなエラや，縁部にあるフリルや，ミノを被ったような姿など，なんともフォトジェニックな（写真映えのよい）動物たちである。また，ほとんどの場合，サイズも小さく，程よい見つけにくさも相まってダイバーには人気が高い。ウミウシは巻貝（腹足類）の進化の過程で祖先がもっていた貝殻を失い，物理的に身を守るものをなくしたが，その代わりに化学防御を獲得している。実際に，多くのウミウシは身を潜めるどころか派手で目立つ色合いをもつようになり，テルペン類やアルカロイドなどの毒をもち，忌避物質として酸を分泌することが知られている[3]。

ヒカリウミウシ *Plocamopherus tilesii*（✦ 図 13.1）やハナデンシャ *Phylliroe bucephala* は「光を生み出す」という意味では真のフォトジェニック（photon + generate）なウミウシである。ヒカリウミウシを刺激すると，そこを起点として全身へ青緑色の光が広がるようすが観察できる（▶動画33）。さらに強く刺激すると発光液を分泌しながら全身をくねくねと曲げて泳ぐようすが見られた。おそらく野外では捕食回避のために明滅および発光液の噴射を利用しているのだと考えられるが，実験的に確かめられた例はない。

図 13.1　ヒカリウミウシの発光
全身の表皮に発光細胞が散在している。

動画 33 ヒカリウミウシの発光 全身の表皮に発光細胞が散在している。

ウミウシの発光の化学的な側面はほとんど調べられていないので，どのような物質が発光反応に使われているかについては未解明である。ウミウシはいろいろな特殊能力をもつが，それらを餌から盗んでいることは興味深い。上述した毒物質や忌避物質は餌であるカイメン類などを捕食し獲得している。ムカデミノウミウシなどオオミノウミウシ上科に属するウミウシ類はイソギンチャクやサンゴなどの刺胞動物から刺胞細胞を取り込みミノに蓄積し，ミノの先端から刺胞を発射する。また，チドリミドリガイなどの嚢舌目（のうぜつ）のウミウシは，餌の藻類から葉緑体を取り込み，光合成を行う。ウミウシの発光に，餌由来の物質が関与しているのかについては不明だが，ハナデンシャがクモヒトデ類を食べることはなにかしら発光との関係を勘ぐりたくなってしまう。

クモヒトデ

クモヒトデは，ヒトデとは近いが異なるグループで，ナマコなどとともに棘皮動物門を構成する。5本の細い腕が中心の丸い盤から伸びている（◆図 13.2）。SCUBA ダイビングをすると，砂地や岩場の中から紐のようなものがゆらゆらとたなびいているのをよく目にするが，あれはクモヒトデの腕である。細く刺々しい腕の形は，ヒトデというよりはむしろ腕の数が減ったウミシダ（ウミユリ類）

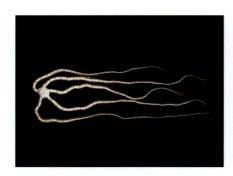 

図 13.2 ドウクツヒカリクモヒトデ（撮影：藤田喜久）
左：内臓や口器を含む中央の盤から 5 本の刺々しい腕が生えている。右：機械的な刺激に反応して腕を発光させる。

に見えなくもない。

　多くの系統で発光種が知られており，潮間帯などでも見られるイソコモチクモヒトデ *Amphipholis squamata* は比較的簡単に見つけられる。多くは緑色の発光を示すが，後述の *Amphiura filiformis* など一部の種は青色に光る。触るなど機械的な刺激により簡単に発光を観察することができる（▶動画 34）。写真の撮影には工夫が必要で，触って光らせる方法では触ったところだけが光るので，一部が光っている絵しか撮れない。真水や飽和食塩水，塩化カリウムなどを暴露すると全身を一度に光らせることができる。しかし，濃度が高すぎると刺激が強すぎるせいで腕を自切してしまう場合があるため注意が必要である。実際には光る腕を自切させて捕食者の注意をそらすために光っているのかもしれない。このように光りながらバラバラにちぎれる生き物はあまりいないが，他にもクロエリシリスなどのゴカイもそのような光りかたをする（➡第 3 章）。シリス類もクモヒトデも発光，自切，再生の 3 つの特徴を共有している点は，何か生態学的な役割を示唆しているように思えるが，詳しいことは不明である。

動画 34　ドウクツヒカリクモヒトデの発光のようす（撮影：藤田喜久）

　クモヒトデの一種 *A. filiformis* は餌由来のセレンテラジンをルシフェリンとして使い発光する。*A. filiformis* を長期間飼育すると徐々に発光が弱くなるのだが，餌にセレンテラジンを混ぜて飼育すると発光が回復する[4]。セレンテラジンはクラゲやエビなど多くの海洋発光生物に共通のルシフェリンであり，食物網を通して供給されていると考えられている（➡コラム 7）。光るクモヒトデは潮溜まりから深海まで広範囲に分布するが，海洋生物の多くが利用しているセレンテラジンを利用できることがその説明要因なのかもしれない。そういう点では，興味深い種が最近新種として報告された。オーストラリアのクリスマス島の洞窟で発見されたドウクツヒカリクモヒトデ *Ophiopsila xmasilluminans* だ（✦ 図 13.2）[5]。クリスマスツリーの上に飾りたくなるような学名だが，注目すべきは本種は洞窟に棲んでいるという点だ。土壌中や海底，深海といった暗いがわずかに光が届く環境に発光生物は多いのだが，まったく光がない洞窟にはあまり発光生物はいない。発光生物が珍しい環境においてどの生物からセレンテラジンを獲得しているのか，また，ドウクツヒカリクモヒトデの発光はどの生物に対するシグナルなのか，興味のもたれるところである。

ゴカイ

　前節で登場したシリス以外にもゴカイのなかまにはさまざまな発光種が知られている。オドントシリスは満月の夜に海表面で光の輪を作る求愛行動を示すことで有名であるが（➡第3章），普段は岩場に生息しており底生生物といってよいだろう。他の底生性のゴカイには沿岸で見つかるツバサゴカイやウロコムシ，フサゴカイがいる。

　ツバサゴカイは砂地にU字の穴を掘り，その穴を通る小型の動物を食べる濾過食性の動物である。白っぽい体の体側に何対もの翼のような足が並んでいる。刺激を受けると光る粘液を分泌する。日本を含め世界中に分布しているので，砂浜や干潟に行く機会があればスコップをもってぜひ探してみてほしい。直径1 cm程度の管が砂浜の地面から出ているのを見たことがあるかもしれないが，それがツバサゴカイの棲管である。その近くにもう一つ対となる棲管があるはずである。棲管は小石や砂などが粘液で固められているので，周りの砂から区別して取り出せるとはいえ脆い。慎重に掘り出すことができれば，完品のツバサゴカイを手に入れることができる。ツバサゴカイは管の中で発光液を分泌するが，この行動にいったいどのような役割があるのかは不明である。棲管に侵入してきた捕食者に光を見せることが捕食者への威嚇になるだろうか？　仲間とのコミュニケーションだとしても棲管を光らせたところで，それが別の棲管の中にいる他個体に気づいてもらえるとは到底思えない。

　ウロコムシは，ケムシの背中に2列のウロコを並べたような形をしているゴカイである。光らないウロコムシは，刺激に対してウロコを落とし，素早く泳いで逃げていく。マダラウロコムシなどの発光種も刺激を受けるとウロコを落とす。剥がれ落ちたウロコは数秒間激しく点滅したのちに消えていく（▶動画35）。ウロコムシのウロコは再生するので，トカゲの尻尾のように，捕食者の注意をそらすために，光るウロコを自切し囮にしていると考えられる。発光のしくみは不明だが，ウロコが光った後に，発光部位に発光色と同じ蛍光が現れる（✦図13.3）。発光する前には見られないので，おそらく発光反応により生成された蛍光物質が実際の発光反応にも使われているのだろうと考えている。

動画35　ウロコムシの発光

　私が夜の磯で光る生き物を調査していたときに，

図 13.3　マダラウロコムシ（A）とその発光（B）と発光後の蛍光（C）

不思議な光る生き物に出会った。真っ暗な磯を手探りで発光生物を探していたときに，突然，稲妻のような青白い明滅が観察された。すぐに懐中電灯で発光箇所を照らしてみても，そこには苔のような海藻

動画 36　ヒカリフサゴカイの発光

が生えているだけで，それらしい生物は見つからなかった。その後しばらくして，名古屋大学の臨海実験所での調査の際にこの発光と再会した。これをきっかけに名古屋大学の自見直人博士や産業技術総合研究所の蟹江秀星博士らとの共同研究によって，謎の発光生物の正体がヒカリフサゴカイ属の新種であることが明らかとなった[6]。ヒカリフサゴカイは無数の触手をもち，これに触れると青白い電撃が走ったかのように触手が発光する（▶動画 36）。

サンゴ

サンゴのなかまにも発光するものがいる。ただしサンゴ礁を作るいわゆる造礁サンゴには光るものはいない。水族館やペットショップで「光る」サンゴが飼育されているが，あれは発光ではなく青色 LED のもとで明るく見える蛍光である。ウミサボテンを含む八放サンゴ類には発光するものが多く知られている。海外にはウミシイタケという紫色の椎茸のようなサンゴが発光種として知られており，生物発光研究の隆盛期である 1970 年代によく研究されていた生物である。ウミサボテンもウミシイタケも，どちらも触れたところから緑色の発光が放射状に全身へ伝わっていく。

　浅い海には色とりどりの鮮やかなサンゴがいるが，発光するサンゴは少ない。しかし，深海ではどうやら多くのサンゴが暗闇で発光することがわかってきた。太陽光がほとんど届かない深さ 200 ～ 4,000 m の海底では，岩場には宝石サンゴなどが，泥地には羽ペンのような形をしたウミエラが多く生息している。深海に

図 13.4 コンボウウミサボテンの発光（©2019 MBARI）

2020 年に新たに見つかった八放サンゴの一種。水深 3,980 m で生息環境における発光のようすが ROV によって撮影された。多くのサンゴは全身が光るが，本種は 8 本の触手の付け根にある 8 つの点だけ発光する。しかも，水深 3,980 m でわざわざ GFP を用いて青色の発光を緑色に変換している。水中透過性のよい青色ではなくなぜ緑色なのか？　なぜこのような発光を示すのか？　とにかく謎だらけである。

生息する八放サンゴ類の一部は発光することがわかっているが，「発光しないことがわかっている」種はほとんどいない。実際に，私は深海調査でいくつもの八放サンゴ類を見つけ，発光試験をしたところすべてが発光した。そのうちコンボウウミサボテンはコンボウウミサボテン科ではじめて発光する種として見つかってきた[7]（◆ 図 13.4）。発光成分の分析と進化的な解析を組み合わせた研究から，どうやら八放サンゴ類にはまだまだ発光種がいる可能性がみえてきた。サンゴが発光するようすは多種多様だが，これは高感度カメラを搭載した ROV でなければ撮影できない。今後，予想もしていなかった光りかたをするサンゴが見つかってくるのが楽しみである。

海底発光生物の研究

　底生性発光生物の多様性と魅力の一部を本章で伝えてきた。紙幅の都合で紹介しきれていない底生発光生物はたくさんいる。一方で，底生の発光生物の研究はほとんど進んでいない。発光反応に関わるルシフェリンとルシフェラーゼの両方が明らかとなっている生物はウミホタル類と八放サンゴのウミエラ類，多毛類のシリス類のみであり，その他多くの生物では未解明である。また，どの種が発光するのかという基本的な報告も少ない。たとえば，ナマコのなかまではこれまで 30 種しか知られていなかったが，私たちの研究により 10 種以上も新たに発光する種が明らかとなった。さらに，祖先形質推定という進化学的な解析により，およそ 2 億年前にはすでに発光しており，発光能力を受け継いでいるかもしれない現生の子孫が深海に 200 種以上もいることが示唆された[8]。多くの底生生物は目をもたず，素早い移動もできないのだが，彼らはなぜ光るのだろうか。求愛や捕

食のためとは考えにくいし，ましてやカウンターイルミネーションでもないだろう。ナマコもまた，ウミウシやサンゴ，フサゴカイのように光の波が全身を駆け巡るような発光を示す。このような光りかたは底生生物の発光パターンとして主要なものの一つかもしれない。この光りかたに類似している浮遊生物はカムリクラゲなどがいる。底生生物の発光の役割について，私は burglar alarm（警報装置）の役割として，すなわち助けを呼ぶためではないかと考えている（➡第3章）。サンゴやナマコの発光シグナルによって，巨大な目をもつ魚竜オフタルモサウルスが助けにやってくる。太古の深海にはそんなドラマがあったのかもしれない。

〔別所-上原　学〕

第 14 章
光るサメのはなし

世界最大の発光生物

　サメといえばジョーズを連想する方が多いだろう。ところが，私たちのようなサメの研究者の視点では，サメに対する印象がかなり違うかもしれない。なぜなら，サメの半数以上の種は比較的小型で，深海を主な住処としているからだ。

　サメは生態系の頂点捕食者（トッププレデター）であり，深海でもその地位を保持している。驚くべきことに，頂点捕食者たる深海のサメたちのなかでも，数多くのサメたちが自力で発光する（◆図 14.1）。これまで発見されたもっとも大きな発光ザメは，ヨロイザメ（*Dalatias licha*）で，全長 1.5 m を超える世界最大の発光する脊椎動物だ。

　本書で紹介されている生物発光は，単細胞生物〜小型の浮遊生物，ベントスなど，比較的体サイズの小さな無脊椎動物や魚類が広く共有する形質だ。なぜトッ

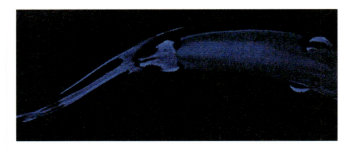

図 14.1 サメの生物発光（ヒレタカフジクジラ）を捉えた画像
頭部が右，尾部が左に位置し，腹面全体が青く発光している。胸鰭と腹鰭，交尾器がとくに強く発光しているのがわかる。

第 14 章　光るサメのはなし

ププレデターたるサメが発光するのか？　発光するサメと発光しないサメの違いは何なのか？　サメの発光現象には，発光を使った他の生物にはない機能が備わっている可能性があるのではないか？　本章では，サメの生物発光について，その謎を推理してみたいと思う。

どんなサメが光るのか？

　現生のサメは，大きく2つの大きな系統群（共通祖先から派生したグループ）に分けられる。一方はネズミザメ上目（Galeomorphii），もう一方はツノザメ上目（Squalomorphii）である（◆図 14.2）。前者のネズミザメ上目は，2024 年現在世界で 374 種が知られている。その内訳は，ネコザメ目（10 種），テンジクザメ目（45 種），メジロザメ目（303 種），ネズミザメ目（16 種）となる。一般的によく紹介される「サメらしいサメ」は，こちらのグループに属しているといってよいだろう。こちらのグループは最大の大きさを誇るジンベエザメから最強を誇るホホジロザメ，きわめて小さなオタマトラザメ（全長約 20 cm）まで，サン

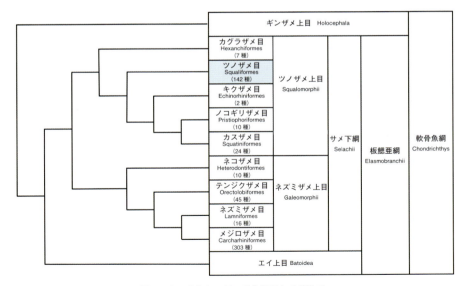

図 14.2　現生サメ類の系統関係と分類体系
生物発光という形質はツノザメ目の一部に限定されており，他の系統群では出現しない。

ゴ礁から深海まで多様な種類を含んでいる。しかし，ここで紹介する「発光するサメ」は，ネズミザメ上目には一種も存在しない。

　もう一方のツノザメ上目は，その名のとおり「日の目を見ない」深海に棲む地味なサメたちの集まりだ。あまり馴染みがない名前かもしれないが，ツノザメ目（142種），キクザメ目（2種），ノコギリザメ目（10種），カスザメ目（24種），カグラザメ目（7種）など，2024年現在185種が知られている。このうち，生物発光するサメは，ツノザメ目のヨロイザメ科，カラスザメ科，オンデンザメ科の3科に限られている。科群名を言っても，これらのサメをすぐにイメージできる人は少ないだろう。それほど人間との接触機会が乏しい，ヒトにとって疎遠ななかまなのだ。

ツノザメ上目にみられる生物発光

　とてもミステリアスなツノザメ上目だが，近年意外にバズった話題もちらほら見かける。たとえば，北極周辺に分布するニシオンデンザメは400年を超える寿命をもち，脊椎動物でもっとも長寿命な動物として知られるようになった。加えてもっとも遊泳速度が遅いサメという称号も与えられている。

　また，ツノザメ上目のサメは深海性であるがゆえ，調査の進展により過去30年で急速に種数が増えた。発光するサメとして知られるカラスザメ属は，通称フジクジラと呼ばれ，「クジラ」というややこしい名をもつサメだ。そして海外では，アメリカのデイビッド・エバート博士らによってカラスザメ属の新種に対して，Ninja lanternshark（カラスザメ属の英名がlanternsharks）という英名が与えられた[1]。これが海外でニュースのネタとして大きな話題となった。彼らがなぜニンジャと名づけたのか，それはこのサメの発光がもつ「身を隠す機能」と関連しているという。

　ところで，カラスザメ科のサメが別名フジクジラと呼ばれる由来は明確ではない。一般には，水面で光を受けて美しい藤色に輝く色彩から，その名がつけられたといわれている。ただし，この藤色はあくまで私たちが魚体に反射した色を認識しているのであって，カラスザメの生物発光を見ているわけではない。では，何を以て私たちはサメの生物発光の有無を知ることができたのだろうか？

　生物発光するサメには，カラスザメ属のほかにもヨロイザメ科，ビロウドザメ（オンデンザメ科）など，少なくとも63種が知られている。このうち，実際に発

光現象が科学者によって確認されたのは10種にとどまる。その他の発光ザメは，実際に目視で発光が記録されたのではなく，多くの場合は皮膚に発光器や分泌器官が存在することを根拠としている。過去には「採集時に光る姿を目撃した」という記述も存在するが，実際には真っ暗な状態で眼を5～10分間暗順応させなければ，その光を目視することは不可能だ。サメの生物発光はきわめて微弱なため，私たちが撮影する以前には動画として記録された例も皆無だった。

発光するサメの由来は？

サメの発光現象は，多くの硬骨魚類にみられる共生細菌による発光ではなく，自身がもつ発光基質（ルシフェリン）と発光酵素（ルシフェラーゼ）の反応によるものである。そういってしまえば簡単だが，サメのような大きな脊椎動物が進化の過程で体中に精緻な構造をもつ発光器を獲得し，それを光らせるしくみなど，考えただけでも壮大なロマンを感じないだろうか。

サメ類における生物発光については，検証の余地はあるものの，カウンターイルミネーションや，種間の認識，雌雄間の認識，威嚇，忌避効果など，さまざまな生態的機能が仮説として論じられている（➡第3章）。そもそも脊椎動物，とくに大型の捕食者において，生物発光は普遍的なものではない。これらの深海ザメはいったいどの段階で生物発光する術を獲得し，その機能を維持してきたのだろうか？

ベルゲン大学の分子進化学者であるニコラス・シュトラウベ博士らによる分子生物学的な解析[2]では，白亜紀前期にツノザメ上目がきわめて短期間のうちに深海環境への適応放散を遂げた。その後，ツノザメ上目のうち，上記3科（ヨロイザメ科，オンデンザメ科，カラスザメ科）を含むクレード（単系統群）の共通祖先が，白亜紀の後期（9000万～6000万年前）に生物発光する形質を獲得したと考えている。一方，その子孫の末裔であるオンデンザメ属は，生物発光する形質をもたないサメだ。系統学における最節約的な考えに従えば，オンデンザメは二次的に発光する形質を失ったと考えるのが妥当であろう（◆図14.3）。

ツノザメ上目にみられる生物発光は，ほとんどが微小で精巧な発光器によって生じる。しかし，なかには体を光らせるのではなく，体の外部に開口した囊状の器官から発光液を外界に放出するアカリコビトザメ *Euprotomicroides zantedeschia* やフクロザメ *Mollisquama parin* なども存在する。両者が他の発光ザメ類と共通

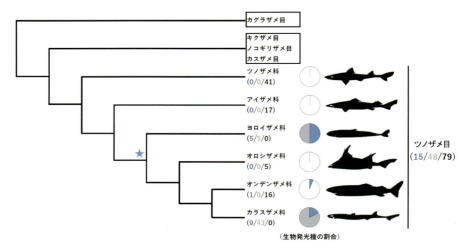

図14.3 ツノザメ目の系統関係と生物発光種の割合（円グラフ）
青は発光種，グレーは発光が推定される種，白は発光しない種を表す。★は生物発光を獲得した共通祖先を示す。本図は文献3より改変して作成した。

祖先から派生したと考えた場合，初期の段階でどんな形質をもっていたのか，またどうやって発光基質を獲得したのか？　私たちの想像を超えた進化の歴史が隠されているはずだ。

「発光するサメ」は飼育可能か？

　私は23年前から，沖縄美ら海水族館という環境に恵まれた飼育施設で仕事に従事している。本題からそれるが，深海ザメは私と水族館を結びつけるきっかけになった動物であり，今でもその未知なる姿にあこがれを抱いている。私が学生時代に研究していたのは，ネズミザメ上目の深海性のトラザメ類，現在ヘラザメ科として新しい科群名となっているグループだ。残念ながら，ヘラザメ科魚類は発光しない。

　ヘラザメ科の多くは深海性であり，今なお生きた姿を水族館で観察できる種は限られている。時折，捕獲後から衰弱するまでのごく短期間だけ展示される例はあるが，「飼育」とは言いがたい。私は動物の生態学や行動学の基本は，やはり自分の目でしっかり観察することだと思っている。ゆえに，生物発光する深海ザ

メを野外で，または飼育下で観察することが重要だ。加えて，長時間にわたり観察できれば，なぜサメが発光するのか？　という問いに対する多くの生物学的な知見が得られるはずだ。

　私たちは美ら海のスタッフとともに，長年にわたり深海ザメの飼育研究に取り組んできた。その成果の一例が重力式の加圧水槽の開発である。この装置によって，水深500 m付近より浅い海域に棲む多くの底生性魚類の展示が可能となった。その一方で，中層性の深海魚や深海ザメは一筋縄ではうまくいかないこともわかった。とくにサメの場合，鰾（ウキブクロ）の代わりに浮力体として機能する，肝臓（不飽和脂肪酸などの脂質を多量に含む）がポイントになる。深海ザメの肝臓は海水よりも比重が小さく，水に入れるとかなり大きな浮力をもっている。ほとんどの深海ザメは，圧縮率の小さい（圧力変化による体積の変化が小さい）脂質を利用し，深海で絶妙な中性浮力を得て，遊泳のコストを極限まで減らしていると考えられる。

　しかし，この肝臓が悪さをしてしまう。真骨魚のように気体で満たされた鰾であれば，加圧またはガスを排出することにより，魚体の浮力を人為的にコントロールできる。しかしサメはそうはいかないのである。サメの場合，急激な減圧により肝臓の組織の出血や壊死などが発生し，浮力調節もままならない状況となる。カラスザメ科を含むツノザメ目の発光ザメは，その現象がとくに顕著で飼育が難しい。一方，発光しないサメでは比較的飼育に適した種も多く，美ら海でも長期の飼育・繁殖記録が存在する（◆ 図 14.4）。

　意気揚々と水族館で発光する深海ザメを飼育してやろうと考えていた私は，長

図 14.4　沖縄美ら海水族館の重力式加圧水槽に収容されたヒレタカフジクジラ（左）とイモリザメ（右）
両者ともほぼ同じ水深から採集されるが，イモリザメは生物発光しない。

期戦となる覚悟をもたないと解決できない問題であることを悟った．この課題は，24年の時を経て，想定外の手法を使って解決することになる．後述する人工子宮装置を使って育成したヒレタカフジクジラを1年以上にわたり長期飼育し，ついに一般に公開することになったのだ．

フジクジラは深海でどのように光っているのか？

2009年，ベルギーの発光生物の研究者であるジェロム・マレフェット博士らが，ノルウェーのフィヨルドで採集したフジクジラ（*Etmopterus spinax*）の生物発光を観察した論文が発表された．それ以前には，サメの発光を詳細に静止画として記録した事例もなかったので，私はその画像に衝撃を受けた．そこで，サメの生物発光を実際に検証し生態を研究するため，私はかねてから交流のあったベルゲン大学のシュトラウベ博士を通じ，マレフェット博士らを沖縄に迎えた．最初の共同調査は，ベイトカメラによる行動観察と実験室内での発光の実験だった．

水族館の予備調査でカラスザメが生息する海域の水深500 m付近に仕掛けを投入し，一本釣りで採集を行った（当初マレフェット博士らは，500 mの深海からこんな小さな生物を釣りで採集できるのだろうか？　と半信半疑であった）．その結果，見事に沖縄近海に棲むカラスザメ属（ヒレタカフジクジラとフトシミフジクジラの）2種が同時に採集され，すぐさま実験室での発光実験と撮影が行われた．

これら2種は，ほぼ同じ水深帯に同所的に分布しているうえ，体全体が黒色で，一見して2種を識別するのが難しいほど似ている．光がほとんど到達しない水深500 mの海底では，サメの姿はまったく認識できない．生きたまま採集した2種を実験室で観察したところ，事前の予想どおり，彼らはそれぞれまったく異なる発光パターンをもっていた（◆図14.5）．たとえば，青白く光る固有のバーコードのような模様が浮き上がって見えるのだ．カラスザメ属は種によって分布パターンの異なる発光器群をもつことが知られ，重要な分類形質にもなっている．この事実から，光の乏しい深海で視覚的に種間の識別が可能であることが容易に推測できる．このほかにも新たな知見が数多く得られた．

興味深いことに，カラスザメ属では胸鰭の外縁部や腹鰭，交尾器（クラスパー），背鰭棘の基底部に，とくに強く光る部分が存在していることがわかった．一般に，サメはオスがメスに交接する際，オスはメスの胸鰭に噛みつき，腹鰭基部にある

図 14.5 フトシミフジクジラ（上）とヒレタカフジクジラ（下）の発光パターンの違い（撮影：ジェローム・マレフェット）

総排泄孔にクラスパーを挿入する。つまり，胸鰭や腹鰭，クラスパーなど，とくに交尾行動において重要な部位を発光させ，目立たせているのだ。また，背鰭棘基底部の発光器は，敢えて背鰭棘に集光させるようなレンズ機能をもち，大型の捕食者に対して警告を発しているようにみえる。これらを総合すると，カラスザメ属の生物発光は単にカウンターイルミネーションのためではなく，種間や性別の相互認識，繁殖行動の際のサインや，捕食者に対する警告を発する役割など，さまざまな機能を併せ持っていることが示唆される。

深海底で発光のようすを観察する

これまでの知見から，実験室内においてサメがとくに強い光を発するのは，実は死ぬ間際の弱った状態のときなのだ。私たちは，「本当に海底で光っているのか，どのように光っているのか，ぜひとも確かめたい」と素朴な疑問を感じていた。そのためには，真っ暗闇でごく微弱な光を動画撮影可能な機材が必要となるため，私はNHKのベテランカメラマンに相談し，マレフェット博士とともに新たな共同プロジェクトを企画した。

このときNHKスタッフが持ち込んできたのが，民生品として購入可能なもっとも高感度な日本製カメラだった。その性能はきわめて優れており，採集したヒレタカフジクジラを実験室内で撮影したところ，人間の目では捉えられない美しいフジクジラの発光を世界ではじめて記録することに成功した（▶動画37）。

次のステップは，実際に海底で発光するサメの姿を記録することだ。沖縄美ら海水族館で深海生物を調査し続けてきた，私の信頼できる相棒である深海係長の

動画 37 超高感度カメラを使って捉えたヒレタカフジクジラの生物発光（出典：国営沖縄記念公園（海洋博公園）沖縄美ら海水族館）

金子篤史氏の協力を得て，ついに計画を実行に移した．彼は，超高価な「あのときのカメラ」（価格は秘密）を購入し，自作したベイトカメラのフレームに，高感度カメラよりさらに数倍高価な耐圧容器を装着した．そしてカメラをセットし，（かなり勇気が必要だが…）ついに，水深500 mの深海底に投入，約1時間沈めた後に船上に無事回収した（✦ 図14.6）．

回収したカメラには，私たちの想像を超える美しい深海の映像が映っていた．飼育下で撮影されたものと同様，青白く生物発光したフジクジラが多数記録されていたのだ．この映像は，世界ではじめて野生下で光るサメの姿を捉えたものだった．ヒレタカフジクジラは，海底の砂泥中に頭部を突っ込み，半ば狂乱したような状態で餌生物を探していた．これはサメのなかでもたいへんユニークな行動といえる．そして，その発光は体の角度が少し変わっただけでまったく見えなくなってしまうため，フラッシュライトのように点滅して見えた（✦ 図14.7）．

これはフジクジラの腹面の光が，体の真下を指向していることを示しており，カウンターイルミネーションのもっとも合理的な証拠ともいえる．カラスザメは小型ゆえ，場合によっては捕食者にも被食者にもなりうることから，両方の立場で姿を隠す役割を担っているのだろう．

一方，興奮状態での索餌行動で，これほど明るい光を発してしまうと，自分の姿を消すどころか，積極的に目立たせてしまう．また，調査を行っている金子氏によると，どうやらフジクジラは常に発光しているわけでもなく，その時々によってはまったく発光が見られないことがあるという．

過去の実験では，一般に黒色素胞を拡散させ体色を黒化させるプロラクチンやメラノトロピン，色素胞を凝集させ体色が白化するメ

図14.6 海底で生物発光を撮影するため，超高感度カメラを耐圧容器に格納したベイトカメラ
カメラの先，レンズの焦点が合う場所に冷凍魚を固定してサメを誘引する．

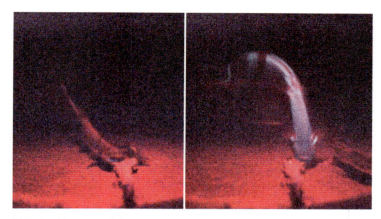

図14.7 水深500 mの海底でベイトカメラにより撮影されたヒレタカフジクジラの発光
カメラに対して側面（左）から腹面を向くと（右）青白い発光が突然現れ，フラッシュのように点滅して見える。

ラトニンなどにより，光量の強弱のコントロールが可能であることも明らかになっている。つまり，カラスザメ属の発光は，ホルモンにより制御が可能であり，時間帯や入射光の強弱，その他環境要因によって変化しうることを示唆している。これらサメの発光制御の謎は，今後の調査を重ねることによって解明されていくだろう。

光るサメ研究の新たなステージ

私たちはサメの繁殖学的研究を行うため「サメの人工子宮装置」を開発している。その過程で，比較的小型で取り扱いやすいヒレタカフジクジラの胎仔を人為的に長期間育成し，子宮内の胎仔の成長過程を観察している（◆図14.8）。同時に，発光生物である本種の胎仔が，どの時期に発光器を形成し，どのように発光物質を獲得しているのかについて調べたいと考えている。

人工子宮で育てられた胎仔は，これまでに2回にわたり人為的な出産をさせ，長期にわたり水槽内で飼育を継続するまでに至っている。現段階では，人工子宮で育ったサメであっても出産前にはすでに発光する能力が備わっていること，出産後も発光基質を保持していることが明らかとなっている[4]。

このほか，生物発光の機能を知るためには，発光現象そのものだけではなく，

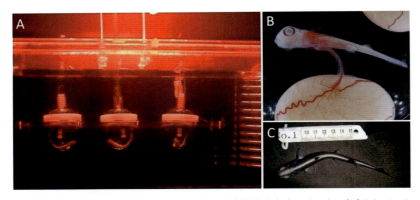

図14.8 沖縄美ら海水族館内に設置された人工子宮装置（A）と，その中で育成されているヒレタカフジクジラの胎仔（中央の3つの容器内に収容されている）
これまでの実験で，最長約7か月に及ぶ育成と人為的な出産に成功している（B：収容直後の胎仔，C：出産時の胎仔）。

　発光する光を受容するための「視覚」の進化も研究する必要性がある。サメはきわめてゲノムサイズが大きく，全ゲノム解析が進んでいないグループの一つだ。しかし，近年少しずつではあるがゲノム情報からタンパク質を合成する新たな手法を用いて，サメの視覚の研究が進みつつある。

　一例だが，国立遺伝学研究所の工樂樹洋博士や大阪公立大学の小柳光正博士らとともに，ジンベエザメのゲノム情報から得られる色覚タンパク質（オプシン）を分析した結果，ジンベエザメのオプシンに深海適応（ブルーシフト：より短波長の光に感受性が高まる現象）を示す，種特異的な変異を見出したのだ。今後，深海生物のゲノム情報が集積し，視覚特性の研究が進めば，「サメがなぜ光るようになったか？」という問いに対して，新たな見解が示される可能性もあるだろう。

〔佐藤圭一〕

コラム7

半自力発光 ―盗んで光るしたたかな戦略―

　「光るために必要な物質を餌から取り入れている生き物がいる」と聞くと，読者の皆さんは驚くだろうか．一見特殊な戦略のように思えるが，これは主にクラゲ，エビ，イカ，魚類など海の発光生物の多くにみられる普遍的な発光様式なのである．本コラムでは，発光生物が海に多い理由を説明するかもしれないこの特殊な戦略，「半自力発光」について解説する．

3つの発光のしくみ：自力・共生・そして半自力

　生物発光のしくみは，発光反応を自分自身が行う「自力発光」と，発光バクテリアを自身の発光器官に共生させてその光を利用する「共生発光」（➡第9章）に大別される．そして「自力発光」は，さらにルシフェリンとルシフェラーゼを自前で用意する真の「自力発光」と，ルシフェリンを（あるいは，その特殊なケースとして，ルシフェラーゼも合わせて両方を；➡第12章，第15章）餌から取り入れて用いている「半自力発光」の2つに分けることができる．

　「半自力発光」により発光していることが知られている生物は，すべてが海に生息しており，とくに深海に多い．表層に棲むものとしては，ノーベル化学賞を受賞した下村脩博士の研究対象だったオワンクラゲが（➡コラム5），深海に棲むものでは富山湾名物ホタルイカ（➡第11章）や駿河湾の海の幸サクラエビ（➡第1章）などがそれに当てはまる．

　餌から取り込まれて使われるルシフェリンには，ウミホタルルシフェリンと，セレンテラジン（後述）の2つが知られている．

　ウミホタルルシフェリンを用いて光っていることがわかっている生物は，キンメモドキ（➡第15章），イサリビガマアンコウなど，魚類のなかまのごく少数にとどまっている．一方，セレンテラジンを用いて光っている生物は，レタリア門，ケルコゾア門，海綿動物門，刺胞動物門，有櫛動物門，毛顎動物門，棘皮動物門，軟体動物門，節足動物門，脊索動物門の合計10門にわたり，それぞれの種数も非常に多い．なお，ホタルイカでは，セレンテラジンが部分的に化学修飾されたものがルシフェリンとして使われており，逆に，ウミシイタケ（刺胞動物）では，

セレンテラジンが化学修飾された状態で貯蔵され，発光の際にはこれをセレンテラジンに戻して使われる。

　ちなみに，セレンテラジンという名称は，この化合物が単離された生物であるオワンクラゲとウミシイタケがかつて属していた分類群の「腔腸動物（セレンテラータ）」から来ている。一般に，ルシフェリンの名前は「〇〇（生物名）ルシフェリン」と，その分子をルシフェリンとして用いている生物の名前をつけて呼ぶのがふつうだが，セレンテラジンだけは固有の名称が与えられている。しかし皮肉にも，もととなった腔腸動物という名称は現在では無効な分類群名として使用されていない。

　例外として，渦鞭毛藻（➡第1章，コラム6）のルシフェリンと，オキアミのなかまで用いられているルシフェリンの構造が非常によく似ていることから，オキアミが餌である渦鞭毛藻のなかまからルシフェリンを取り入れて発光している可能性が指摘されているが，今のところ定かではない（➡第2章）[1]。半自力発光の世界は，ウミホタルルシフェリンとセレンテラジンの2つだけではないのかもしれない。

ルシフェリンの供給者は何者か？

　半自力発光生物が，餌から発光物質を獲得していることを上で述べた。だとしたら，半自力発光生物に発光物質を与えなかったらどうなるだろうか？ それを実証したおもしろい研究があるので紹介したい。2001年に"Can coelenterates make coelenterazine?（腔腸動物はセレンテラジンを合成できるのか？）"と題された論文が発表された[2]。これは，オワンクラゲにセレンテラジンを与えず飼育すると光らなくなってしまうことと，これにセレンテラジンを投与すると再度光るようになることを報告した論文である。つまりオワンクラゲが自分でセレンテラジンを合成できず，餌から取り入れていることを実験的に証明したのだ。その後，これと同様の結果が，セレンテラジンを使って光っているクモヒトデのなかまやウミホタルルシフェリンを使っているキンメモドキを用いた検証実験で得られている[3,4]（➡第15章）。

　しかし，こうした半自力発光を検証する実験はどんな生き物でも可能なわけではない。この実験には生物の長期間の飼育が必須であるが，とりわけ深海生物はそれが難しい（➡第14章）。そのため多くの場合，「ルシフェリンを合成できる生物が特定されていて，それを捕食している」という状況証拠から，半自力発光

生物であると推察されているのである。

　では，本当のところどんな生物がウミホタルルシフェリンやセレンテラジンを生合成しているのだろうか？　それを確かめるには，これまた実験的な証明が必要だ。ウミホタルルシフェリンについては，名古屋大学のグループが 2002 年と 2004 年に，ウミホタルとそれに近縁なトガリウミホタルに対して安定同位体標識したアミノ酸を取り込ませる巧みな実験を行い，これらが実際にウミホタルルシフェリンを生合成していることを確かめている。

　ではセレンテラジンはどうだろうか。セレンテラジンの名前の由来となったオワンクラゲが自分で合成できないことは上述のとおりであるが，それを生合成していることが実験的にはじめて確かめられた生物は，「カイアシ類（橈脚類）」と呼ばれる動物プランクトンの一群に含まれる発光種であった。こちらも名古屋大学のグループが 2009 年にウミホタルのときと同様の方法によって証明した（詳しくは文献 1 参照）。なお，マルトゲヒオドシエビという甲殻類のなかまがセレンテラジンを生合成しているかもしれないという論文もあるが，こちらは卵の発生過程でセレンテラジンの含有量が 100 倍近く増加したという分析結果から提案された仮説であり，下村もその著書の中で言及しているとおり，確実な証明とはいえない。上述のとおり，半自力発光生物にはセレンテラジンを貯蔵体の状態で蓄えているものもいることから，もともと貯蔵体の形でもっていた物質が発生過程でセレンテラジンに変換されただけかもしれないのである。

　一方，セレンテラジンの作り手はカイアシ類だけではないこともわかってきている。最近，長期継代飼育実験により，クシクラゲのなかま（➡第 10 章）もセレンテラジンを生合成していることが示された。クシクラゲはもともと腔腸動物の一群に分類されていたため，奇しくも「セレンテラジン」の名にもっともふさわしい作り手であることが証明されたといえる。

セレンテラジン仮説：いかにして深海は発光生物の楽園になったか

　最後に，半自力発光が深く関係する「セレンテラジン仮説」について紹介したい。セレンテラジン仮説とは，海洋に発光生物が多い理由の大半がセレンテラジンを生合成しているカイアシ類によるものではないかという進化のシナリオである。

　セレンテラジンを使って光っている生物が 10 門にまたがって知られていることは上で紹介したが，進化系統的にみると，共通祖先が共通でないセレンテラジン系発光生物は，少なくとも 18 グループにも上る。どうしてこれほど何度も同

じ進化が繰り返されたのだろう。

　実は、セレンテラジンは光を放出するのに非常に適した化学構造をしているため、これに反応するルシフェラーゼを進化させることはそう難しくないと考えられている。このとき、先ほど紹介したカイアシ類の存在が重要となる。カイアシ類は海洋中に生息する動物プランクトンのなかでもっともバイオマス（生物量）に富んだ一群であり、多くの捕食動物の主たる餌資源となっている。もちろん捕食性の発光生物も例外ではなく、ホタルイカやハダカイワシの胃内容物としてカイアシ類が多く見つかっている。

　すなわち、カイアシ類がセレンテラジンを生合成しそれが多くの動物に食べられるという食物連鎖が、海洋における発光生物の進化を強く押し進めたのではないかというシナリオが推測される。セレンテラジンをカイアシ類が作り出したことこそが、深海生態系の「ゲームチェンジ」だったのである。

　しかし、話はそこで終わらないかもしれない。光るサメ「フジクジラ」（➡第14章）は、最近私たちの研究からセレンテラジンを用いた半自力発光であることが示唆された[5]。ところが、フジクジラの胃内容物を調べた研究によると、フジクジラは、カイアシ類よりもむしろサクラエビやハダカイワシなどの中型の甲殻類や深海魚を捕食している。つまりサメのような高次捕食者においては、カイアシ類から直接ではなく、それを捕食している発光生物から二次的にセレンテラ

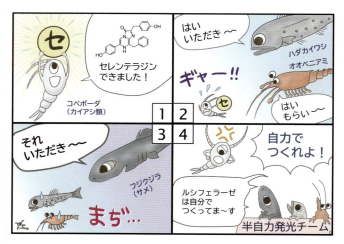

図1　深海ヒカリモノの日常（漫画：大場裕一、石井桃子）

ジンを得ていると考えられるのである（✦ 図1）。

　もう一つ，このセレンテラジン仮説を考えるとき，クモヒトデやヒカリカモメガイ（➡第1章）といった，浅い海の底に棲んでいて明らかにカイアシ類やそれを捕食して発光する生物を食べていないと考えられる濾過食性のセレンテラジン系発光生物がいることを忘れてはいけない（発光性のカイアシ類が浅い海で見られることはほとんどない）。つまり，もしかするとカイアシ類かそれ以上に小さくて浅瀬にも見られるような生物に，セレンテラジンを合成しているものがまだ他にいるかもしれないのである。海のゲームチェンジャーは単独ではなかった可能性がある。

〔水野雅玖〕

第15章
光る魚のはなし

　発光魚は実に多様性に富んでおり，その種数は12目45科およそ1,500種と発光生物全体のおよそ1/5を占める[1]。3万種以上いる魚類全体で考えると，発光魚の種数は割合少ないように思われるが，すべての種が発光するハダカイワシ科はもっともバイオマスの大きな魚類といわれている。つまり，海水魚は光る魚ばかりであるらしい。一方で，湖や河川に生息する淡水魚からは発光種は見つかっていない。深く暗い湖はいくつもあるので，どこかで見つかってもよいような気もするのだが…。今後の調査に期待である。

　サメ（➡第14章）やチョウチンアンコウ，ヒカリキンメダイ（➡第9章）など，いくつもの系統で発光能力がみられることから，魚類はそれぞれ独立に発光能力を進化させたと考えられている。硬骨魚では発光は少なくとも27回も独立に進化したと推定されている[2]。発光のしくみもさまざまであり，発光バクテリアを共生させることで光るものや，餌からルシフェリンやルシフェラーゼを取り込んで光るものもいる（➡第9章，コラム7）。発光器の形態や発光の役割も分類群によってあるいは種によって異なっている[3]。

チョウチンアンコウ

　光る魚といえばチョウチンアンコウがもっとも有名だろう。深海のモンスターと呼ばれるにふさわしい禍々しい風貌に加え，頭の上にもつユニークな提灯（イリシウム）がトレードマークであり，魅力的な海洋生物として『ファインディング・ニモ』や『ONE PIECE』，「ポケットモンスター」などの映画や漫画，ゲームに取り上げられている。チョウチンアンコウが半魚人の美少女主人公として，人間界で学園生活を送る『深海魚のアンコさん』というユニークな作品もある。ちなみに，この漫画には美少女になったイナズマヒカリイシモチという発光魚も

第 15 章　光る魚のはなし

登場する。

　チョウチンアンコウのなかまは多様であり，チョウチンアンコウ亜目には11科35属およそ170種の発光種が知られている。すべての種で，発光バクテリアをもつ共生発光器官であるエスカをもち，「提灯」の獲得が深海環境での適応を促したのだと推測される。上記の作品などでも，チョウチンアンコウが提灯の光を使って餌を誘引する姿が描かれている。実は，提灯の発光の役割が直接的に検証された例はない。というのも，生きたチョウチンアンコウが観察される例は非常にまれだからである。したがって発光の役割は，光らないアンコウがエスカ（頭の上についている擬似餌）をルアーとして使っていることなどの間接的な証拠から推定されている。ちなみに，チョウチンアンコウのなかまにはエスカ以外にも発光する部位が知られている。顎の下に発達した鬚（ひげ）が発光するという報告や，肉質突起（caruncles：背鰭の吻側にあるイボのようなもの）から発光液を噴射（ふんしゃ）するという報告もある[4]（◆図15.1）。私は2018年のハワイ沖で行われた調査航海にて，幸運にも生きたミックリエナガチョウチンアンコウを観察する機会に恵まれた。暗室でエスカが青く発光するようすを観察できたことに感動し，観察を続けつつピンセットで突いてみると，肉質突起から勢いよく青白い発光液を噴出するようすを見ることができた（別所，未発表）。

　エスカと肉質突起のどちらの発光器官にも発光バクテリア *Enterovibrio escacola* の共生が見つかっている（➡第9章）。チョウチンアンコウの発光バクテリアは，他の発光バクテリアとは異なり寒天培地で単離培養できないため，チョウチンアンコウの共生器官の中だけでしか生きられない絶対共生細菌であると考えられた。一方で，幼魚には提灯がないことなどから，チョウチンアンコウは提灯の形

図15.1　ミックリエナガチョウチンアンコウ（左）と肉質突起（右）（撮影：別所−上原学 ©MBARI）

成とともに海水中から発光バクテリアを取り込んでいるのではないかという仮説もあり，チョウチンアンコウと発光バクテリアの共生関係は長らく謎であった。近年，チョウチンアンコウの共生バクテリアのゲノム解読が行われ，この謎が解明されたので紹介したい[5]。

　発光バクテリア E. escacola の培養が困難であった原因はゲノム解読から真っ先に明らかになった。というのも，ふつうの発光バクテリアに比べ本種のゲノムサイズは半分ほどと小さくなっており，タンパク質のもととなるアミノ酸を合成するための遺伝子や，糖類を代謝するための遺伝子が極端に減っていた。ゲノム退縮と呼ばれるこのような変化は，絶対共生菌（宿主から離れて自由生活ができない）でよくみられる傾向である。ヒカリキンメダイの発光バクテリア *Candidatus Photodesmus katoptron* の場合は，ゲノムサイズが近縁種に比べ20％と縮小しており，もはや自立して生きることはできなくなっている。チョウチンアンコウの共生バクテリア E. escacola のゲノムは半分ほど小さくなっているが，泳ぐための鞭毛や化学受容などの遺伝子を少ないながらも保持していることがわかった。チョウチンアンコウの発光器のバクテリアには鞭毛がないので，海水中では泳げず生き延びることは難しいだろうと考えられていた。ところが，鞭毛や化学受容器を作るのに必須な遺伝子を保持しており，独立生活が可能な最低限の機能をもつ可能性がゲノム解読から明らかとなった。つまり，発光バクテリアはエスカから放出され，海水中を漂うことで，新しい若いチョウチンアンコウのエスカへ定着するという仮説が示唆された。

　複数のチョウチンアンコウの発光器のバクテリアゲノムを解析したことで，この仮説はさらに補強された。進化の歴史を示す系統樹を比較すると，チョウチンアンコウの複数種とそれらから見つかったバクテリアのそれぞれの系統樹は一致していなかった（バクテリアと宿主がともに進化する場合は系統樹の樹形が一致するはずである）。さらに，海水中からもこれらのバクテリアのDNAが検出されている。以上のことから，発光バクテリアはチョウチンアンコウのエスカから出てきた後に自由遊泳し，新たな個体への感染を達成しているのだと考えられる。

キンメモドキ

　発光バクテリアに依存しない発光魚の多くは深海に生息しており，行動や発光メカニズムの研究はあまり進んでいない。スズキ目ハタンポ科のキンメモドキ

第 15 章　光る魚のはなし

Parapriacanthus ransonneti（◆ 図 15.2A）は SCUBA ダイビングでも見られるような水深に生息しており研究が比較的容易であることもあり，ルシフェリンとルシフェラーゼが明らかとなった唯一の半自力発光魚である（➡コラム 7）。

　キンメモドキは太平洋沿岸に生息し，日中はサンゴ礁や岩場などに隠れて生息しているが，夜になると海表面に出てきて動物プランクトンを食べる。数百匹から千匹以上の大群を作り，光が差すと金色に輝く巨大な渦の優美な光景がダイバーに人気があり，水族館でも飼育展示されている。コロナ禍のキーワードの「密です」を連想させる魚として注目を集め，アクアマリンふくしまで 2020 年に行われた流行魚大賞の 1 位に輝いている（◆ 図 15.2B）。

　キンメモドキが発光することは 50 年以上も前に報告されていた。しかし，当時の論文には，発光時の詳しい行動に関する記述や動画や写真などがなく，実際にどのように発光するのかについてはよくわかっていなかった。とくにキンメモドキの発光器は内臓にあるので，外部から直接発光器を観察することができない。解剖すると発光器は見えるのだが，外から見たときに実際にどのように光が見えるのかはわかっていなかった。体内の発光器の下には半透明な組織があり，光が透過する構造になっている。私が大学院生の頃，キンメモドキの研究に従事していた際に，夜中に魚を観察しても，解剖する前に暗室で観察しても発光を見ることはできなかった。どうにかして発光のようすを見たいと試行錯誤を重ね，ついに発光を観察できる条件を見つけ出した。腹側が発光するので，自身の影を消すカウンターイルミネーション（➡第 3 章）の役割があるだろうと考えたのが契機となった。カウンターイルミネーションは，薄暗がりの条件で有効に働くため，環境が真っ暗でも明るすぎてもだめで，ちょうどよい暗さが必要だったのだ。そこで，底面が透明な水槽を薄暗い部屋に設置し，高感度カメラを使うことで，世界ではじめてキンメモドキの発光のようすを捉えることに成功した[6]（◆ 図

図 15.2　キンメモドキの写真（A）とイラスト（B），腹側から撮影した発光のようす（C）（イラスト：友永たろ／アクアマリンふくしま）

15.2C）．ちなみに，この条件でも水族館で長期間飼育されている個体の発光は観察できない．野外から捕獲されたばかりのキンメモドキでなくては光らないのだが，その理由は，キンメモドキのユニークな発光のしくみが関わっている．

　キンメモドキはルシフェリンもルシフェラーゼも自前で作ることができずに，そのどちらもウミホタル類の一種トガリウミホタルを捕食し獲得している．ルシフェリンを餌から取り込む生物は海洋生物では多く，オワンクラゲやクモヒトデ，イザリビガマアンコウなどの研究から明らかとなっている（→コラム 7）．一方でルシフェラーゼまでも取り込まれることがわかっている例はキンメモドキで唯一見つかっている．本来消化されてしまうはずのタンパク質が数か月以上も機能を保ったまま貯蔵される現象は特別に「盗タンパク質」と呼ばれている．キンメモドキは胸部と肛門に 2 か所の発光器をもつが，そのどちらも消化管とつながっている．餌由来の千差万別のタンパク質のなかからルシフェラーゼだけを消化せずに発光器に蓄えているが，そのしくみは未知である．また，自分で作り出していない「盗んだ」ルシフェリンやルシフェラーゼをどのように制御して，発光を調節しているのかも興味のもたれるところであるが，その生理的なしくみもまったくわかっていない．

　2023 年から沖縄美ら海水族館（→第 14 章）でキンメモドキの発光の展示が始まった．カウンターイルミネーションを見られるのは世界でもこの水族館だけである．また，半自力発光魚の発光のようすを直接観察することができるのも，この水族館だけである．沖縄美ら海水族館ではウミホタル類を餌として与えることで，ルシフェリンとルシフェラーゼをキンメモドキに供給し，飼育環境でも発光能力を維持できている．飼育環境下で発光を維持できるようになれば，上記のような謎に科学的なメスを入れることが可能になる．今後，水族館からさまざまな謎が明らかとなる日が来るかもしれない．

光る肴のはなし

　発光魚のなかには食べられるものも多い[7]．たとえば大きな緑色の目が特徴的な深海魚のアオメエソは，メヒカリという名で（肛門に共生発光器官をもつが目は発光しない）焼き魚や唐揚げ，天ぷらとして居酒屋のメニューとしてよく見かけられる（◆図 15.3）．たいていの場合，頭は落とされて調理されるのだが，肛門の発光器は残っているので，次回食べる際にはぜひ注目してほしい．肛門部

図 15.3 　発光魚が使われた一品料理（撮影：大場裕一）
左：アオメエソ（手前）とヒイラギ（奥）の唐揚げ，右：ハダカイワシの一夜干し。

分だけ黒い色素が沈着しており，その内側に発光バクテリアのための共生器官がある。港町ではしばしばヒイラギのなかまが売られているのを目にする。私がフィリピンに行った際には，ヒイラギの干物がいくつものスーパーマーケットに置いてあったのを見かけた。おそらく人気の食べ物なのだろう。ハダカイワシ類も深海漁が盛んな港町ではよく食される発光魚だ。水揚げの際にウロコが剥がれ落ち，ピンクがかって見えるようすが火傷した肌に見えるので，高知県では「やけど」という名前で流通している。一夜干しにして，身を引き締めたものが焼き魚として居酒屋に出てくる。ハダカイワシは体表の腹側に丸い発光器が頭から尻尾までいくつも並んでいる。ウロコが剥がれてしまった後でも発光器は残るので，こちらも居酒屋で発光器を観察できる一品である。

　毒をもつ魚はいくつも知られているが，発光魚のなかまで毒をもつ生物はほとんど知られていない。おそらくほとんどの魚類は発光を警告の役割として利用していないのだろう。その点では，ガマアンコウ目の発光種キスジガマアンコウが毒をもつというのは興味深い。キスジガマアンコウは毒液を分泌する硬い棘を体側にもつ[8]。近縁種の発光魚イサリビガマアンコウも硬い棘をもつが毒をもつという報告はない。カラスザメのなかまも光る棘をもつ（➡第 14 章）が，棘に毒はなさそうである。発光と毒にどのような関係があるのかを考えながらおいしい肴をつまむのも一興である。

海の発光生物研究の展望

　発光魚には多様な種が存在するが，その反面ともいうべきか，一つの種を生理，発生，ゲノム，行動，進化などから包括的に研究した例はない。発光魚研究の代表となる種（しばしばモデル生物種と呼ばれる）が不在であるため，それぞれの分野の専門家による研究が不足しているのだ。とくに研究が難しい分野としては，発光をどのように利用するのかを明らかにする行動学，それが生存や繁殖においてどのような役割をもつのかを明らかにする生態学，そして発光器がどのように形成されるのかを明らかにする発生学が挙げられる。これらの研究を推進するためには安定した飼育条件や繁殖方法の確立が必要である。

　現在でも国内の水族館で飼育展示されている発光魚にはキンメモドキのほかに，ヒレタカフジクジラやヒカリキンメダイ，マツカサウオなどがいる。しかし，いずれも数世代にわたって繁殖に成功した例はない。もちろん，海の無脊椎動物でも繁殖方法が確立された発光生物はほとんどいない。大学などの研究機関では，新しく繁殖系を立ち上げることはなかなか難しく，一人の研究者がどれだけ尽力したとしても，発光生物の多様性を前にすると成果は絶望的である。しかし私は，日本だからこそ展開できる研究に希望の光を見出している。日本全国には100以上の水族館があり，亜熱帯から亜寒帯まで多様な環境の海洋生物を比較的容易に観察することができるという点で，海洋生物の研究を進めるには世界的にみても恵まれている国である。それらの水族館で専門の飼育員の方々が日々飼育技術の向上に努めている。

　生き物を独自の視点で見据える研究者と水族館が情報を共有し，一丸となって海の生き物の研究を推し進めることで，これまで困難であった包括的な海洋生物の研究を世界に先駆けて展開できると信じている。もちろん，これは発光する魚や無脊椎動物に限らず，生物学研究全般に当てはまることだろう。そして，近い将来，さらにおもしろい光る生き物のはなしを皆さんに届けられるよう私たち研究者は絶え間ない努力を重ねていきたいと考えている。

〔別所-上原　学〕

コラム 8

光る生き物を撮影してみよう！

進化した撮影機材

　最近，雑誌やテレビ番組で，光る生き物の写真や映像を目にする機会が増えていると思います。実は，この 20 年くらいのあいだに，カメラの進歩のおかげで，発光生物の写真や動画が誰でもきれいに撮れるようになりました。

　ただし，撮影にはちょっとした簡単なコツがあります。そこで本コラムでは，発光生物，とくに発光きのこを長年撮り続けてきた私が，一眼レフカメラを使った本格的な技術から，スマートフォンを使ったお手軽テクニックまで，その撮影ノウハウをお教えしましょう。

本格的な写真撮影

（1）基本装備

- デジタル一眼レフカメラかミラーレスカメラ
- 接写ができるレンズ：　だいたい 50 〜 90 ミリのマクロレンズがよい。
- レリーズ：　撮影ブレ防止のための，カメラに触れずにシャッターを切る道具。ケーブル式でもよいですが，新しい普及機では，スマートフォンのアプリや無線式リモコンが主流です。ただし，スマートフォンのアプリ式は，撮影開始前の Wi-Fi 接続が手間でストレスに感じることが多い印象です。
- 丈夫な三脚：　ローポジションを取れるものが便利。カメラの向きを自由に変えられる自由雲台がついたもの（✦ 図 1）をおすすめします。

（2）あると便利なアイテム

- LED ライト：　赤と白の光の切り替えができるものが便利です。赤い光は，暗闇で作業をするときに目が眩むのを防ぎます。白い光は，写真に少し光を入れたいときに役立ちます（後述）。
- 虫除け：　発光生物の撮影は長時間作業になりがちです。じっとしていると，すぐに蚊の餌食になってしまいますよ。

（3）実際の撮影

　まずはインターネットで情報を収集します。お目当ての発光生物は見つかり

図1　私の発光きのこ撮影スタイル

ましたか？ ホタル，ウミホタル，ホタルイカ，ホタルミミズ。日本には身近に見られる発光生物がたくさんいます。

　このようにいろいろある発光生物のなかで，一番撮影しやすいのは，ズバリ，動かない「きのこ」です。日本には，発光きのこ（子実体が発光する菌類）が現在15種報告されていますが，私の住んでいる八丈島では，未記載種も入れると，なんと7種もの発光きのこが見つかっています。

　そこで，ここからは，八丈島で発光きのこを撮影する場合を例に解説していきましょう。

　まず，夜の森では足場や周囲のようすがわかりにくいことが多く，危険がいっぱいですから，必ず陽のある時間に下見をしましょう。

　あらかじめカメラの設定をしておくことも大事です。暗い中でオートフォーカス機能を使うのはほぼ無理なので，マニュアルでピントを合わせる練習をしておきましょう。フォーカスリングをまわす方向もメーカーによって異なります。素早く合わせられるよう慣れておくことが重要です。

　ホワイトバランスは，基本的に「日中晴天」で撮ります。「オート」や他のモードを選ぶと，実際の発光とは全然違う色に写ってしまうことがあります。

　光るきのこでも光量が多いヤコウタケを撮るのであれば，ISO感度800，絞りF10，シャッタースピード5〜10秒を目安に撮影を始めます。発光の写りが弱いようだったら，シャッタースピードを5秒ずつ伸ばしてみましょう。

　ヤコウタケの場合，子実体の寿命はとても短く，撮影できるのは傘が開いた最初の1日だけと思ったほうがよいです。カタツムリの大好物ですのでやっと見つけたと思ったら，カメラをセットしているあいだに食べられてしまうこともよ

コラム 8　光る生き物を撮影してみよう！　　　　　　　　*169*

くあります。よく光っているきのこを見つけたらすぐに撮影しましょう。

　発光きのこは，種類によって大きさや光の強さ，光る部位が違います。ヤコウタケの場合，傘の部分がよく光りますが柄（軸）はあまり光りません。下から少し煽って撮影すると，いかにもきのこらしい写真になりますよ（✦ 図 2）。

　一眼レフならではの撮影方法として，露光中にほんの少しだけ LED ライトやストロボで光を当てると，周囲の環境やきのこの質感を引き出すことができます（✦ 図 3）。

　まずは八丈島のヤコウタケで撮影のコツを摑んでください。うまくできるようになったら，次はエナシラッシタケを撮影すると，一気に撮影の腕が上達します（✦ 図 4）。エナシラッシタケはとても小さいので（直径 2 〜 5 mm），撮影テクニックを磨くには最適なのです。

　ちなみに私の撮影スタイルは，デジタル一眼レフに 60 ミリマクロレンズ，カーボン製の 4 段三脚に自由雲台の組み合わせです。タイマー機能のあるレリーズがあればさらに便利です（✦ 図 1）。

図 2　ヤコウタケの発光きのこの発光だけで撮影。　　図 3　図 2 と同じヤコウタケ 露光中に LED ライトの光を弱く当てて撮影。

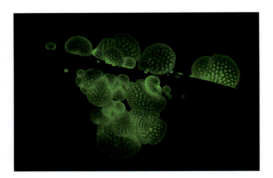

図4　エナシラッシタケの発光

スマートフォンによるお手軽写真撮影

　ヤコウタケのように光量のある被写体であれば，スマートフォンでも発光写真が撮影できます（◆図5）。ただし，スマートフォンの露光は何枚も撮影したものを重ねて一枚の画像を生成するので，光の弱い被写体の場合，ブレた写真になりやすいのが欠点です。スマートフォンの本体を地面に置いたり発生している木に密着させることで，ブレを防ぎましょう（◆図6）。

　また，スマートフォンは自動的に対象をオートフォーカスしようとしますが，光量が少ないとその機能がうまく働きません。その場合は，きのこが3本くらい同じところに出ていて光量が増えている被写体を狙うと，うまく撮影できます。

発光きのこの光の色と写真

　さて，上手に撮れましたか？　あなたが実際に目で見たきのこの発光色と出来

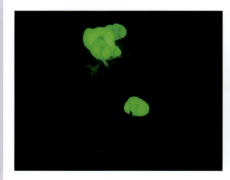

図5　iPhone 13で撮影したヤコウタケの発光　　　図6　スマートフォンでの接写風景

上がった写真は同じ色でしょうか？おそらくヤコウタケは，見たままの色で写っているはずです。しかし，他の光が弱いきのこの場合はどうでしょう。写真ほど緑ではなく，「目ではもっと青白い光に見えた」と言う人が多いです。これは，人間の目が弱い光に対して色の判別がしにくいためです。しかし，カメラはフィルムであってもセンサー

図7　iPhone 13 で撮影したシイノトモシビタケの発光

であっても，光の波長を正確に捉えます。光るきのこの本当の発光色は，どの種もすべて波長極大を 530 nm にもつ緑色です（➡第 4 章）。ですから，一眼レフやミラーレスカメラの場合，同じカメラで同じ設定（ホワイトバランス）で撮影すれば，発光きのこはみな，ほぼそのとおりの緑色に写ります。

　ところが，発光きのこを中心に発光生物を 20 年以上撮影してきて，最近気づいたことがあります。不思議なことに，スマートフォンは，実際の発光の色より，人間が肉眼で見た感覚の色を再現するようなのです。✦ 図7 は，✦ 図5 のヤコウタケを撮影したのと同じスマートフォン（iPhone 13）でシイノトモシビタケを撮影したものです。ヤコウタケとシイノトモシビタケの本当の発光色は，まったく同じはずです。しかし，シイノトモシビタケのほうは，スマートフォンに搭載されている色調補正箇所を自動認識するアルゴリズムが導き出した結果だと思いますが，私たちの見た感覚の色に近い青みのある緑色に写っているのです。いったい誰が iPhone にシイノトモシビタケの見た目の色を教えたのでしょう？謎ですね。

一眼レフカメラで発光生物の動画を撮ってみよう
（1）動画の撮影方法

　発光生物を動画で撮ることは，カメラが進歩していない 20 年前だと相当厳しいものでした。しかし，カメラの性能が上がって，とくにデジタル一眼レフに動画機能が標準搭載されるようになってからは，一気にそのハードルは下がりました。

ただし，カメラの性能が上がっても，撮影方法の基本はそう変わっていません。まず，写真撮影時と同じように，フォーカスはマニュアルで合わせます。このとき，ライブビューで背面液晶を見ながらピント合わせをするわけですが，背面液晶の画面は夜に見ると思いのほか明るくて目が眩みます。どのみち目が眩んでしまうのですから，ここで被写体を思い切りライトで照らし，その隙にピントを合わせてしまいましょう。

 肉眼で見えるのに動画に映らないのは，露出不足です。あまり深く考えずに絞り（カメラではF値，動画機ではIRIS）を開けて（値を最小にして），次にISO感度（動画機ではGAIN）を上げていきます。それでもどうしても映らなければシャッタースピードを落としますが，これは最後の手段です。シャッタースピードが低速になると被写体ブレが顕著に出てきますので，最低でも1/60と覚えておきましょう。

(2) スマートフォンで手軽に動画撮影をしてみよう

 スマートフォンの動画機能を使った被写体として，私のおすすめはホタルです。ホタルを写真撮影すると，飛翔中のものは光の筋になって写ります。しかし，実際は光の点が飛んでいるわけですから，ホタルは，動画で撮影したほうがそれらしく記録できるのです。

 真っ暗な夜より月明かりがあるときに撮影すると，周囲が映り込んで臨場感が出ます。動画の場合は，さすがに手持ちでは難しいので，スマートフォン用の三脚を使いましょう。上述のとおり，暗い中でのスマートフォンのオートフォーカスはうまく機能しないので，その影響がなるべく出ないよう接写ではなく引きで（対象から離れて）撮るとよいでしょう。その点でも，集団で空を飛ぶホタルは，スマートフォン向きの被写体といえます。

(3) 発光生物と動画撮影

 動画撮影をしてみて，はじめてわかることもあります。一例を挙げると，八丈島の海岸にはヨコスジタマキビモドキという小さな巻貝がいますが，それまでこの貝は，刺激すると肉質部が緑色に発光し，その光が貝殻を通して見えることが写真撮影の結果からわかっていました（✦ 図8）。

 ところが数年前，地元の小学生の自由研究でヨコスジタマキビモドキが光る理由を研究するため[1]に，この貝が入っている水槽に天敵の候補としてヤドカリを入れる実験を行ったことがあったのです。しかし，肉眼ではいつ発光しているのかわからなかったので，デジタル一眼レフの動画機能を使い撮影してみたので

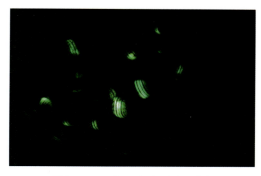

図8 ヨコスジタマキビモドキの発光
シマシマの殻を通して光が見える。

す。すると，ヤドカリを水槽に入れてしばらくしてヤドカリがこの貝に触れた瞬間，確かに発光するようすが確認できました。ところが，さらに撮影を続けたところ，なんと発光が点滅していることに，小学生が気がついたのです。ヨコスジタマキビモドキの発光が点滅するということは，今まで誰も知らなかった新知見でした。

未知の光を捉えよう

　発光生物の撮影法レクチャー，いかがでしたか？ 発光生物の撮影は，季節，周囲の暗さ（月明かりや街灯），そして何より撮影しやすい発光生物が目の前にいるという条件さえ揃えば，特別なカメラや特殊なスキルがなくてもできるんです。ですから，まずは先入観なく発光生物にレンズを向けてみてください。それが新たな発見につながったり，美しい写真を生み出す力になるでしょう。

　もうお気づきですね。現在のカメラは肉眼で見えるものはほぼ確実に撮影できます。その一方で，生成AIが発達したせいで人が見て美しいと思う写真が勝手に創られるようになっていて，もはや人間の目で見たものと機械が生成したものとの境目が曖昧になってきています。

　ですから，発光生物の光を捉えるときは，ぜひ自分の視覚と感覚を失わずに，そのうえでレンズを通した観察と記録をしてほしいと思うのです。スマートフォンが生成する色調補正アルゴリズムの外側にある真実の光を，探してみましょう。

〔山下　崇〕

引用文献

● 第 1 章
1）大場裕一（2022）『世界の発光生物―分類・生態・発光メカニズム―』名古屋大学出版会
2）小菅丈治（2014）『カニのつぶやき』岩波書店
3）小菅丈治（2018）ベトナム産ヌノメアカガイ科の二枚貝ウマノクツワの発光. 南紀生物 60, 53-55.
4）羽根田弥太（1972）『発光生物の話』（よみもの動物記）, 北隆館
5）篠原圭三郎, 比嘉ヨシ子（1997）沖縄における発光ヤスデの初記録. *Edaphologia* 59, 61-62.
6）大森信, 志田喜代江（編著）（1995）『さくらえび漁業百年史』静岡新聞社

● 第 2 章
1）下村脩（2014）『光る生物の話』朝日選書, 朝日新聞出版
2）松本正勝（2019）『生物の発光と化学発光』（化学の要点シリーズ 35）, 共立出版
3）渡邉賢, 石井幹太（2018）化学発光の概要と応用. 成形加工 30, 72-75.
4）大場裕一（2021）『光る生き物の科学―発光生物学への招待―』日本評論社
5）Shimomura, O.（2006）Bioluminescence: Chemical Principles and Methods. World Scientific Publishing.
6）Petushkov, V. N., Dubinnyi, M. A., Tsarkova, A. S., et al.（2014）A novel type of luciferin from the Siberian luminous earthworm *Fridericia heliota*: structure elucidation by spectral studies and total synthesis. *Angew. Chem. Int. Ed.* 126, 5672-5674.
7）Tsarkova, A. S.（2021）Luciferins under construction: a review of known biosynthetic pathways. *Front. Ecol. Evol.* 9, 667829.
8）大場裕一（2022）『世界の発光生物―分類・生態・発光メカニズム―』名古屋大学出版会
9）平野誉（2016）化学発光と生物発光の基礎化学. 化学と教育 64, 376-379.
10）Al-Handawi, M. B., Polavaram, S., Kurlevskaya, A., et al.（2022）Spectrochemistry of firefly bioluminescence. *Chem. Rev.* 122, 13207-13234.
11）日本水中映像株式会社（2021）『【発光生物】発光フサゴカイ！青く輝く！Bioluminescent Polychaeta worm flashing violet light！』https://www.youtube.com/watch?v=24dxvPlBDB0
12）蟹江秀星（2023）青紫色に光るゴカイを発見. 光アライアンス 34, 19-24.

● 第 3 章
1）村上龍男, 下村脩（2014）『クラゲ 世にも美しい浮遊生活―発光や若返りの不思議―』PHP 研究所
2）大場裕一（2022）『世界の発光生物―分類・生態・発光メカニズム―』名古屋大学出版会
3）Takatsu, H., Minami, M. & Oba, Y.（2023）Flickering flash signals and mate recognition in the Asian firefly, *Aquatica lateralis*. *Sci. Rep.* 13, 2415.
4）Redford, K. H.（1982）Prey attraction as a possible function of bioluminescence in the larvae of *Pyrearinus termitilluminans*（Coleoptera: Elateridae）. *Revta bras. Zool.* 1, 31-34.
5）大場裕一（2015）『光る生き物―深海や暗闇できらめく奇跡の世界を探訪！―』（学研の図鑑 LITE）, 学研プラス
6）Robinson, N. J., Johnsen, S., Brooks, A., et al.（2021）Studying the swift, smart, and shy: unobtrusive camera-platforms for observing large deep-sea squid. *Deep Sea Res. Part I Oceanogr. Res. Pap.* 172, 103538.
7）Marek, P., Papaj, D., Yeager, J., et al.（2011）Bioluminescent aposematism in millipedes. *Curr. Biol.* 21, R680-R681.
8）Rivers, T. J. & Morin, J. G.（2012）The relative cost of using luminescence for sex and defense: light budgets in cypridinid ostracods. *J. Exp. Biol.* 215, 2860-2868.
9）近江谷克裕, 小江克典（2021）『ふしぎ！ 光る生きもの大図鑑』国土社
10）大場裕一（2015）『光る生きものはなぜ光る？―ホタル・クラゲからミミズ・クモヒトデまで―』文一総合出版

引用文献

●コラム 1
1) Meyer-Rochow, V. B. & Moore, S.（1988）Biology of *Latia neritoides* Gray 1850（Gastropoda, Pulmonata, Basommatophora）: the only light-producing freshwater snail in the world. *Int. Revue ges. Hydrobiol.* 73, 21–42.
2) Meyer-Rochow, V. B.（2007）Glowworms: a review of Arachnocampa spp. and kin. *Luminescence* 22, 251–265.
3) Rota, E.（2009）Lights on the ground: A historical survey of light production in the Oligochaeta. *In*: Bioluminescence in Focus: A Collection of Illuminating Essays（Meyer-Rochow, V. B., Ed.）, pp. 105–138. Research Signpost.
4) Meyer-Rochow, V. B. & Bobkova, M. V.（2001）Anatomical and ultrastructural comparison of the eyes of two species of aquatic, pulmonate gastropods: the bioluminescent *Latia neritoides* and the non-luminescent *Ancylus fluviatilis*. *New Zealand J. Mar. Freshwater Res.* 35, 739–750.

●コラム 2
1) 横須賀市博物館（1978）羽根田弥太学芸員の業績．横須賀市博物館資料集（1），1–9．
2) 羽根田弥太（1972）『発光生物の話』（よみもの動物記），北隆館．
3) 羽根田弥太（1943）発光魚 *Anomalops katoptron* の発光体に就て．科学南洋 5, 81–88．
4) 羽根田弥太（1952）三浦半島にみられる光る生物．横須賀市史（5），1–49．
5) 内舩俊樹（2022）横須賀市博物館とホタル研究．昆虫と自然 57, 10–13．

●第 4 章
1) Oba, Y. & Hosaka, K.（2023）Luminous fungi of Japan. *J. Fungi* 9, 615.
2) 西野嘉憲，大場裕一（2013）『光るキノコと夜の森』岩波書店．
3) 大場裕一（2015）『光る生きものはなぜ光る？─ホタル・クラゲからミミズ・クモヒトデまで─』文一総合出版．
4) 大場裕一（2022）『世界の発光生物─分類・生態・発光メカニズム─』名古屋大学出版会．
5) 大場裕一（2017）発光キノコの発光メカニズム．きのこ研だより 40, 18–25．
6) 大場裕一（2020）発光性菌類で見つかった新しい発光反応システム．永井健治，小澤岳昌（編）『発光イメージング実験ガイド』pp. 215–219, 羊土社．
7) 宮武健仁（2023）『光るきのこ』（たくさんのふしぎ 6 月号），福音館書店．

●コラム 3
1) 羽根田弥太（1985）『発光生物』恒星社厚生閣．
2) 大場裕一（2022）『世界の発光生物─分類・生態・発光メカニズム─』名古屋大学出版会．
3) Pholyotha, A., Yano, D., Mizuno, G., et al.（2023）A new discovery of the bioluminescent terrestrial snail genus *Phuphania*（Gastropoda: Dyakiidae）. *Sci. Rep.* 13, 15137.

●第 5 章
1) 大場裕一（2022）『世界の発光生物─分類・生態・発光メカニズム─』名古屋大学出版会．
2) 下村脩（2014）『光る生物の話』朝日選書，朝日新聞出版．
3) 伊木思海，藤森憲臣，柴田康平ほか（2023）夏季に採集されたホタルミミズ *Microscolex phosphoreus* について．豊田ホタルの里ミュージアム研究報告書 15, 69–78．

●コラム 4
1) Scourfield, D. J.（1940）The oldest known fossil insect. *Nature* 145, 799–801.
2) 貝原篤信（1709）『大和本草』永田調兵衛．
3) Sano, T., Kobayashi, Y., Sakai, I., et al.（2019）Ecological and histological notes on the luminous springtail, *Lobella* sp.（Collembola: Neanuridae）, discovered in Tokyo, Japan. *In*: Bioluminescence: Analytical Applications and Basic Biology（Suzuki, H., Ed.）. IntechOpen.
4) Ohira, A., Nakamori, T., Matsumoto, S., et al.（2023）Contribution to the taxonomy of Lobellini（Collembola: Neanurinae）and investigations on luminous Collembola from Japan. *Zootaxa* 5325, 63–89.
5) Oba, Y., Branham, M. A. & Fukatsu, T.（2011）The terrestrial bioluminescent animals of Japan. *Zool. Sci.* 28,

771-789.

●第 6 章
1) 三石輝弥（1990）『信州の自然誌 ゲンジボタル―水辺からのメッセージ―』信濃毎日新聞社
2) 後藤好正（2015）「螢狩」という語が使われはじめた時期とその後の展開について．豊田ホタルの里ミュージアム研究報告書 7, 11-19.
3) 大場信義（1988）『日本の昆虫⑫ゲンジボタル』文一総合出版
4) 大場信義（2004）『ホタルの点滅の不思議―地球の軌跡―』横須賀市自然・人文博物館
5) 堀道雄, 遊磨正秀, 上田哲行ほか（1978）ゲンジボタル成虫の野外個体群．インセクタリウム 15, 4-11.

●第 7 章
1) サラ・ルイス（著），大場裕一（翻訳監修）（2018）『Silent Sparks ホタルの不思議な世界』エクスナレッジ
2) 小泉八雲（著），池田雅之（編訳）（2005）『虫の音楽家 小泉八雲コレクション』ちくま文庫
3) Lewis, S. M., Wong, C. H., Owens, A. C. S., et al.（2020）A global perspective on firefly extinction threats. *BioScience* 70, 157-167.
4) Owens, A. C. S., Van den Broeck, M., De Cock, R., et al.（2022）Behavioral responses of bioluminescent fireflies to artificial light at night. *Front. Ecol. Evol.* 10, 946640.
5) Lewis, S. M., Thancharoen, A., Wong, C. H., et al.（2021）Firefly tourism: advancing a global phenomenon toward a brighter future. *Conserv. Sci. Pract.* 3, e391.
6) Fallon, C. E., Walker, A. C., Lewis, S., et al.（2021）Evaluating firefly extinction risk: initial red list assessments for North America. *PLOS ONE* 16, e0259379.
7) 国際自然保護連合ウェブサイト．https://www.iucnredlist.org/en

●コラム 5
1) Dubois, R.（1914）La Vie et la Lumière. Librairie Félix Alcan.
2) Harvey, E. N.（1952）Bioluminescence. Academic Press.
3) 羽根田弥太（1985）『発光生物』恒星社厚生閣
4) 羽根田弥太（1972）『発光生物の話』（よみもの動物記），北隆館
5) 下村脩（2014）『光る生物の話』朝日選書，朝日新聞出版
6) 下村脩（2010）『クラゲに学ぶ―ノーベル賞への道―』長崎文献社
7) Shimomura, O.（2006）Bioluminescence: Chemical Principles and Methods. World Scientific Publishing.
8) 下村脩（2009）『クラゲの光に魅せられて―ノーベル化学賞の原点―』朝日選書，朝日新聞出版
9) 下村脩（2008）長崎大学名誉博士称号授与記念講演「ノーベル賞受賞の原点―長崎大学―」https://www.youtube.com/watch?v=QzCmULUgMpY&t=1327s

●第 8 章
1) 藤倉克則, 奥谷喬司, 丸山正（2008）『潜水調査船が観た深海生物―深海生物研究の現在―』東海大学出版会
2) Tozer, B., Sandwell, D. T., Smith, W. H. F., et al.（2019）Global bathymetry and topography at 15 arc sec: SRTM15+. *Earth and Space Sci.* 6, 1847-1864.
3) ウィリアム・ビービ（著），日下実男（訳）（1970）『深海探検記―珍奇な魚と生物―』現代教養文庫
4) 蒲生俊敬, 窪川かおる（2021）『なぞとき 深海 1 万メートル―暗黒の「超深海」で起こっていること―』講談社
5) Bessho-Uehara, M., Mallefet, J. & Haddock, S. H. D.（2024）Glowing sea cucumbers: Bioluminescence in the Holothuroidea. *In*. The World of Sea Cucumbers（Mercier, A., Hamel, J.-F., Suhrbier, A. D., et al., Eds.）, pp. 361-375. Academic Press.

●第 9 章
1) 羽根田弥太（1972）『発光生物の話』（よみもの動物記），北隆館
2) Nealson, K. H. & Hastings, J. W.（1979）Bacterial bioluminescence: its control and ecological significance.

Microbiol. Rev. 43, 496–518.
3) Reichelt, J. L. & Baumann, P.（1973）Taxonomy of marine, luminous bacteria. *Arch. Microbiol.* 94, 283–330.
4) Haygood, M. G. & Distel, D. L.（1993）Bioluminescent symbionts of flashlight fishes and deep-sea anglerfishes form unique lineages related to the genus *Vibrio*. *Nature* 363, 154–156.
5) Hendry, T. A., Freed, L. L., Fader, D., et al.（2018）Ongoing transposon-mediated genome reduction in the luminous bacterial symbionts of deep-sea ceratioid anglerfishes. *mBio* 9, e01033-18.
6) 中村浩（1944）『發光微生物』岩波書店
7) Johnson, F. H. & Shunk, I. V.（1936）An interesting new species of luminous bacteria. *J. Bacteriol.* 31, 585–593.

●第 10 章

1) Haddock, S. H. D. & Case, J. F.（1999）Bioluminescence spectra of shallow and deep-sea gelatinous zooplankton: ctenophores, medusae and siphonophores. *Mar. Biol.* 133, 571–582.
2) Haddock, S. H. D., Dunn, C. W., Pugh, P. R., et al.（2005）Bioluminescent and red-fluorescent lures in a deep-sea siphonophore. *Science* 309, 263.
3) Schultz, D. T., Haddock, S. H. D., Bredeson, J. V., et al.（2023）Ancient gene linkages support ctenophores as sister to other animals. *Nature* 618, 110–117.

●第 11 章

1) 奥谷喬司（編著）（2000）『ホタルイカの素顔』東海大学出版会
2) 渡瀬庄三郎（1905）蛍烏賊の発光器．動物学雑誌 17, 119–123.
3) 稲村修（1994）『ほたるいかのはなし』魚津市教育委員会・魚津水族博物館
4) 稲村修，近藤紀巳，大森清孝（1990）ホタルイカの皮膚発光器の観察．横須賀市博報告（自然）38, 101–105.
5) 鬼頭勇次，清道正嗣，成田欣弥ほか（1992）ホタルイカにとっての"三原色"．日経サイエンス 22, 30–41.
6) 稲村修（2022）『ホタルイカ』（魚津の自然シリーズ），魚津水族館

●コラム 6

1) Fang, H. T., Lu, C. W., Tsai, N. H., et al.（2020）Population distribution survey of *Rhagophthalmus* species in Matsu Archipelago, Taiwan. *Taiwan Journal of Biodiversity* 22, 45–62.（in Chinese）
2) YouTube「一生必看一次魔幻藍光海—馬祖藍眼淚—」https://www.youtube.com/watch?v=nS5acCje79o（中国語解説：閲覧日 2023 年 8 月 24 日）
3) Jeng, M. L., Lai, J. & Yang, P. S.（1999）A synopsis of the firefly fauna at six national parks in Taiwan (Coleoptera: Lampyridae). *Chinese Journal of Entomology* 19, 65–91.（in Chinese）
4) Ho, J. Z., Wu, C. H., Chen, Y. H., et al.（2009）New trend of ecological industry: as example of value and development of firefly watching activities in Mt. Ali Area. *Formosan Entomologist* 29, 279–292.（in Chinese）
5) YouTube「霧隱微光 馬祖列島雌光螢生態全記錄 英語版 4K」https://www.youtube.com/watch?v=OtET1iwv2Z0（英語：閲覧日 2023 年 8 月 24 日）
6) パンフレット「海島上的夜明珠—馬祖雌光螢生態簡介—」https://www.matsu.gov.tw/upload/f-20220506095908.pdf（中国語：閲覧日 2023 年 8 月 24 日）
7) 張瓊之（2020）森林中的綠精靈—螢光菇—．科学人雜誌 224, 98–99.
8) Tsai, S. F., Wu, L. Y., Chou, W. C., et al.（2018）The dynamics of a dominant dinoflagellate, *Noctiluca scintillans*, in the subtropical coastal waters of the Matsu archipelago. *Mar. Pollut. Bull.* 127, 553–558.

●第 12 章

1) Vannier, J. & Abe, K.（1993）Functional morphology and behavior of *Vargula hilgendorfii* (Ostracoda: Myodocopida) from Japan, and discussion of its crustacean ectoparasites: preliminary results from video recordings. *J. Crust. Biol.* 13, 51–76.
2) 大平和弘，上甫木昭春（2011）大阪湾東岸域におけるウミホタルの生息に適した底層環境と影響する周辺特性．ランドスケープ研究 71, 491–496.
3) 阿部勝巳（1994）『海蛍の光—地球生物学にむけて—』筑摩書房

引 用 文 献

4) Vannier, J., Abe, K. & Ikuta, K. (1998) Feeding in myodocopid ostracods: functional morphology and laboratory observations from videos. *Mar. Biol.* 132, 391-408.
5) Wakayama, N. (2007) Embryonic development clarifies polyphyly in ostracod crustaceans. *J. Zool.* 273, 406-413.
6) 見留あゆみ,吉成美和子,河又邦彦(2007)サイズヒストグラムによるウミホタル個体群動態の解析.日本ベントス学会誌 62, 3-8.
7) Ellis, E. A., Goodheart, J. A., Hensley, N. M., et al. (2022) Sexual signals persist over deep time: ancient co-option of bioluminescence for courtship displays in cypridinid ostracods. *Syst. Biol.* 72, 264-274.
8) 田中隼人(2016)貝形虫類(甲殻類)からみた分類学と古生物学の繋がり.タクサ 日本動物分類学会誌 40, 9-16.
9) 大場裕一(2022)『世界の発光生物─分類・生態・発光メカニズム─』名古屋大学出版会
10) Bessho-Uehara, M., Yamamoto, N., Shigenobu, S., et al. (2020) Kleptoprotein bioluminescence: *Parapriacanthus* fish obtain luciferase from ostracod prey. *Sci. Adv.* 6, eaax4942.

●第13章
1) Martini, S., Kuhnz, L., Mallefet, J., et al. (2019) Distribution and quantification of bioluminescence as an ecological trait in the deep sea benthos. *Sci. Rep.* 9, 14654.
2) Martini, S., Schultz, D. T., Lundsten, L., et al. (2020) Bioluminescence in an undescribed species of carnivorous sponge (Cladorhizidae) from the deep sea. *Front. Mar. Sci.* 7, 576476.
3) デイビッド・W・ベーレンス(2019)『ウミウシという生き方─行動と生態─』東海大学出版部
4) Mallefet, J., Duchatelet, L. & Coubris, C.(2020) Bioluminescence induction in the ophiuroid *Amphiura filiformis* (Echinodermata). *J. Exp. Biol.* 223, jeb218719.
5) Okanishi, M., Oba, Y. & Fujita, Y. (2019) Brittle stars from a submarine cave of Christmas Island, northwestern Australia, with description of a new bioluminescent species *Ophiopsila xmasilluminans* (Echinodermata: Ophiuroidea) and notes on its behaviour. *Raffles Bull. Zool.* 67, 421-439.
6) Jimi, N., Bessho-Uehara, M., Nakamura, K., et al. (2023) Investigating the diversity of bioluminescent marine worm *Polycirrus* (Annelida), with description of three new species from the Western Pacific. *R. Soc. Open Sci.* 10, 230039.
7) Bessho-Uehara, M., Francis, W. R. & Haddock, S. H. D. (2020) Biochemical characterization of diverse deep-sea anthozoan bioluminescence systems. *Mar. Biol.* 167, 114.
8) Bessho-Uehara, M., Mallefet, J. & Haddock, S. H. D. (2024) Glowing sea cucumbers: Bioluminescence in the Holothuroidea. *In.* The World of Sea Cucumbers (Mercier, A., Hamel, J.-F., Suhrbier, A. D., et al., Eds.), pp. 361-375. Academic Press.

●第14章
1) Ebert, D. A., Leslie, R. W. & Weigmann, S. (2021) *Etmopterus brosei* sp. nov.: a new lanternshark (Squaliformes: Etmopteridae) from the southeastern Atlantic and southwestern Indian oceans, with a revised key to the *Etmopterus lucifer* clade. *Mar. Biodivers.* 51, 53.
2) Straube, N., Li, C., Claes, J. M., et al. (2015) Molecular phylogeny of Squaliformes and first occurrence of bioluminescence in sharks. *BMC Evol. Biol.* 15, 162.
3) Duchatelet, L., Claes, J. M., Delroisse, J., et al. (2021) Glow on sharks: state of the art on bioluminescence research. *Oceans* 2, 822-842.
4) Tomita, T., Toda, M., Murakumo, K., et al. (2022) Five-month incubation of viviparous deep-water shark embryos in artificial uterine fluid. *Front. Mar. Sci.* 9, 825354.

●コラム7
1) 大場裕一(2021)『光る生き物の科学─発光生物学への招待─』日本評論社
2) Haddock, S. H. D., Rivers, T. J. & Robison, B. H. (2001) Can coelenterates make coelenterazine? Dietary requirement for luciferin in cnidarian bioluminescence. *Proc. Nat. Acad. Sci. USA* 98, 11148-11151.
3) Bessho-Uehara, M., Yamamoto, N., Shigenobu, S., et al. (2020) Kleptoprotein bioluminescence: *Parapriacanthus* fish obtain luciferase from ostracod prey. *Sci. Adv.* 6, eaax4942.
4) Mallefet, J., Duchatelet, L. & Coubris, C. (2020) Bioluminescence induction in the ophiuroid *Amphiura*

filiformis（Echinodermata）. *J. Exp. Biol.* 223, jeb218719.
5) 佐藤圭一，大場裕一，近江谷克裕（2020）光るサメの謎．『別冊日経サイエンス 生命輝く海──ダイナミックな生物の世界──』pp. 14-25, 日経サイエンス社

●第 15 章
1) 大場裕一（2022）『世界の発光生物──分類・生態・発光メカニズム──』名古屋大学出版会
2) Davis, M. P., Sparks, J. S. & Smith, W. L.（2016）Repeated and widespread evolution of bioluminescence in marine fishes. *PLOS ONE* 11, e0155154.
3) Paitio, J., Oba, Y. & Meyer-Rochow, V. B.（2016）Bioluminescent Fishes and their Eyes. *In*. Luminescence: An Outlook on the Phenomena and their Applications（Thirumalai, J., Ed.）, Chapter 12, pp. 297-332, IntechOpen.
4) Pietsch, T. W.（2009）Oceanic Anglerfishes: Extraordinary Diversity in the Deep Sea. Univ of California Press.
5) Baker, L. J., Freed, L. L., Easson, C. G., et al.（2019）Diverse deep-sea anglerfishes share a genetically reduced luminous symbiont that is acquired from the environment. *eLife* 8, e47606.
6) Bessho-Uehara, M., Yamamoto, N., Shigenobu, S., et al.（2020）Kleptoprotein bioluminescence: *Parapriacanthus* fish obtain luciferase from ostracod prey. *Sci. Adv.* 6, eaax4942.
7) Paitio, J. & Oba, Y.（2024）Luminous fishes: Endocrine and neuronal regulation of bioluminescence. *Aquac. Fish.* 9, 486-500.
8) Lopes-Ferreira, M., Ramos, A. D., Martins, I. A., et al.（2014）Clinical manifestations and experimental studies on the spine extract of the toadfish *Porichthys porosissimus*. *Toxicon* 86, 28-39.

●コラム 8
1) **SCIENCE CHANNEL**「全国こども科学映像祭受賞作品（58）優秀作品賞小学生部門『光る貝 ヨコスジタマキビモドキのなぞにせまる！』」（2014 年 6 月 27 日）科学技術振興機構（JST）https://www.youtube.com/watch?v=Qq2tdnm8GmI

索　引

欧　文

ATP　13, 85
burglar alarm　26
remotely operated vehicle（ROV）
　95, 142
Vibrio 属　101

あ　行

アオメエソ　164
アズマフトミミズ属　60
アデニル化　14
アデノシン三リン酸（ATP）
　13, 85
アミガサウリクラゲ　109
アワハダクラゲ　5, 107
安定同位体　157

イクオリン　19
イサリビガマアンコウ　165
イソコモチクモヒトデ　139
イソミミズ　5, 54, 56
イボ（トビムシの）　62, 64
イミダゾピラジノン環　16

魚津水族館　114
渦鞭毛藻　156
　――ルシフェリン　17
腕発光器　113
ウマノクツワ　8
ウミウシ　137
ウミサボテン　136, 141
ウミシイタケ　141
ウミホタル　5, 84, 88, 98, 129,
　157
　――ルシフェリン　16, 132,
　155-157
　　乾燥――　135
ウロコムシ　140

エスカ　161
遠隔探査機（ROV）　95, 142

か　行

応答発光　69, 70
オオクチホシエソ　5, 30
大場信義　39
オオメボタル　65, 67, 122
オキアミ　10, 156
　――ルシフェリン　17
オキシルシフェリン　20
オクトキータス　32, 58
オドントシリス　140
オプシン　154
オワンクラゲ　5, 107, 155-157

カイアシ　157-159
貝形虫　129
海洋研究開発機構　94
カウンターイルミネーション
　28, 116, 147, 163
化石記録　133
活性酸素種　14
ガーネットオチバタケ　49
乾燥ウミホタル　135
眼発光器　113

基底状態　18
鬼頭勇次　117
求愛行動　132
共生発光　155
キンメモドキ　162, 163, 166

クシクラゲ　104, 157
クメジマボタル　78
クモヒトデ　138
クラゲ　104
クラスパー　150
クロエリシリス　30
クロカムリクラゲ　106
グローワーム　25

蛍光　12
警告　28, 123
原核生物　97
ゲンジボタル　5, 77

甲殻類　129
交尾器　150
ゴカイ　140
国際発光生物会議　38
コブヒメミミズ属　58
コマクラゲ　110

さ　行

最節約的　147
索餌行動　152
サクラエビ　10
殺虫剤　78
サンゴ　141

ジオキセタノン　13
色覚タンパク質　154
シマミミズ　55
下村脩　23, 39, 86, 155
雌雄コミュニケーション　24
集団同時明滅　68, 72
重力式加圧水槽　149
種特異的　154
上唇腺　131
ジョンソン，F. H.　39, 87
自力発光　100, 155
シリス　140
深海　90
人工子宮装置　153

生合成　16, 157
生物発光　12
生物発光共鳴エネルギー転移
　（BRET）　21
セレンテラジン　16, 87, 155-
　159
セレンテラジン仮説　157

た　行

タカクワカグヤヤスデ　9

蓄光　12
中性浮力　149
中層性　149

索　引

チョウチンアンコウ　26, 160
腸内細菌　100

ツキヨタケ　43
ツクエガイ　8, 85
ツジ, F. I.　39
ツツボヤ　136
ツバサゴカイ　140
ツーリズム　78

底生性　149
ディプロカルディア　58
鉄道虫　5, 30
デュボア, R.　82

盗タンパク質　134, 164
トガリウミホタル　157
トビムシ　36, 61
富山湾　111

な 行

ナマコ　142
ナラタケ　43

ヌナワタケ属　125

は 行

ハーヴェイ, E. N.　38, 84
バクテリア型ルシフェラーゼ　99
馬祖諸島　120
ハダカイワシ　160, 165
ハタケヒメミミズ属　58
バチスフィア　91
発光器　100
発光コミュニケーション　69, 70
発光細菌　97
発光色　20
発光生物学　82
発光バクテリア　5, 84, 155, 160, 161
ハナデンシャ　136, 137
羽根田弥太　37, 85
半自力発光　155-158

ヒイラギ　165
光

――の色　5
――を使った罠　115
ヒカリウミウシ　136, 137
光害　78
ヒカリカモメガイ　8, 83, 84
ヒカリキノコバエ　5, 34
ヒカリキンメダイ　162, 166
ヒカリコメツキ　5, 25, 82
ヒカリババヤスデ　10, 28
ヒカリフサゴカイ　141
ヒカリマイマイ　5, 50, 85
ヒゲボタル亜科　67
ヒスピジン　47
ビービ, W.　92
皮膚発光器　113
ヒメギボシムシ　136
ヒメミミズ科　58
ヒレタカフジクジラ　5, 166
フォトプロテイン　19, 86
フサゴカイ　22, 140
フジクジラ　158
フトミミズ科　54
フルデプス潜水船　94

ヘイケボタル　24
ベイトカメラ　150
変形菌　62

防御　123
防御物質　63
ホタル　65, 84, 87, 88
――ルシフェリン　16, 85
ホタルイカ　5, 111
――の身投げ　113
――ルシフェラーゼ　118
――ルシフェリン　17, 118
ホタルイカモドキ　111
ホタルジャコ　39

ま 行

迷子説　113
マツカサウオ　166
マッケロイ, W. D.　85
マドボタル亜科　67
マリンスノー　102

道之前充直　113

ミノエビ　11
ムカシフトミミズ科　54, 58
ムラサキカムリクラゲ　26

目くらまし　114

モントレー湾水族館研究所（MBARI）　94

や 行

ヤコウタケ　42, 124, 169
ヤコウチュウ　5, 7, 98
矢崎芳夫　37
ヤスデ　85

横須賀市自然・人文博物館　40
横須賀市博物館　38
ヨコスジタマキビモドキ　85, 173

ら 行

ラチア　33
ランピトミミズ　54, 57

緑色蛍光タンパク質（GFP）　21, 86, 108
ルシフェラーゼ　18, 83, 164
　バクテリア型――　99
　ホタルイカ――　118
ルシフェリン　14, 83, 87, 164
　渦鞭毛藻――　17
　ウミホタル――　16, 132, 155-157
　オキアミ――　17
　ホタルイカ――　17, 118
　ホタル――　16, 85
ルシフェリン-ルシフェラーゼ反応　98, 131
励起状態　18
冷光　13
レッドリスト　79

わ 行

渡瀬庄三郎　112

編集者略歴

大場 裕一
1970年　北海道に生まれる
1997年　総合研究大学院大学大学院生命科学研究科博士課程修了
現　在　中部大学応用生物学部環境生物科学科教授
　　　　博士（理学）

発光生物のはなし
――ホタル，きのこ，深海魚……世界は光る生き物でイッパイだ――
定価はカバーに表示

2024年10月1日　初版第1刷

編集者　大　場　裕　一
発行者　朝　倉　誠　造
発行所　株式会社　朝　倉　書　店
　　　　東京都新宿区新小川町 6-29
　　　　郵便番号　162-8707
　　　　電　話　03 (3260) 0141
　　　　FAX　03 (3260) 0180
　　　　https://www.asakura.co.jp

〈検印省略〉

© 2024〈無断複写・転載を禁ず〉　　シナノ印刷・渡辺製本

ISBN 978-4-254-17192-1　C 3045　　Printed in Japan

JCOPY　〈出版者著作権管理機構　委託出版物〉
本書の無断複写は著作権法上での例外を除き禁じられています．複写される場合は，そのつど事前に，出版者著作権管理機構（電話 03-5244-5088, FAX 03-5244-5089, e-mail: info@jcopy.or.jp）の許諾を得てください．

土の中の生き物たちのはなし

島野 智之・長谷川 元洋・萩原 康夫 (編)

A5 判／180 頁　978-4-254-17179-2　C3045　　定価 3,300 円（本体 3,000 円＋税）

ミミズやヤスデ，ダニなど，実は生態系を下支えし，人間の役にも立っている多彩な土壌動物たちを紹介。〔内容〕土壌動物とは／土壌動物ときのこ／土の中の化学戦争／学校教育への応用／他

寄生虫のはなし ―この素晴らしき，虫だらけの世界―

永宗 喜三郎・脇 司・常盤 俊大・島野 智之 (編)

A5 判／168 頁　978-4-254-17174-7　C3045　　定価 3,300 円（本体 3,000 円＋税）

さまざまな環境で人や動物に寄生する「寄生虫」をやさしく解説。〔内容〕寄生虫とは何か／アニサキス・サナダムシ・トキソプラズマ・アメーバ・エキノコックス・ダニ・ノミ・シラミ・ハリガネムシ・フィラリア・マラリア原虫等／採集指南

生き物と音の事典

生物音響学会 (編)

B5 判／464 頁　978-4-254-17167-9　C3545　　定価 16,500 円（本体 15,000 円＋税）

各項目1～4頁の読み切り形式で解説する中項目事典。コウモリやイルカのエコーロケーション（音の反響で周囲の状況を把握），動物の鳴き声によるコミュニケーションなど，生物は様々な場面で音を活用している。個々の生物種の発声・聴覚のメカニズムから生態・進化的背景まで，生物と音のかかわりを幅広く取り上げる。〔内容〕生物音響一般／哺乳類1霊長類ほか／哺乳類2コウモリ／哺乳類3海洋生物／鳥類／両生爬虫類／魚類ほか／昆虫類ほか／比較アプローチ

教養のための植物学図鑑

久保山 京子 (著)　／福田 健二 (監修)

B5 判／212 頁　978-4-254-17191-4　C3645　　定価 4,400 円（本体 4,000 円＋税）

美麗な写真に学術的に確かな解説を付した植物図鑑。生活の場面ごとに分類した身の回りの植物を，生態・特徴・人との関わりの観点から解説する。〔内容〕植物の分類体系／植物の生態と生活形／葉と茎／草と木／花と果実／道路沿いの植物／公園や庭の植物／森の植物／空き地・荒れ地の植物／池や川辺の植物

グローバル変動生物学 ―急速に変化する地球環境と生命―

E. B. ローゼンブラム (著)　／宮下 直 (監訳)　／深野 祐也・安田 仁奈・鈴木 牧 (訳)

B5 判／344 頁　978-4-254-18064-0　C3045　　定価 13,200 円（本体 12,000 円＋税）

地球規模での環境変動が生物に対して与えている影響をテーマに，生物多様性や環境保全における課題を提示し，その解決法までを豊富な図とともに丁寧に解説する。生態学や環境保全を学びたい学生はもちろん，環境保全に取り組む行政・企業・団体等の実務者にも必須の 1 冊。オールカラー。訳者による日本語版オリジナルのコラム付き。

上記価格は 2024 年 9 月現在